43

44

45

46

47

48

49

50

51

52

53

54

55

56

57

58

59

60

61

62

63

64

65

66

67

68

69

70

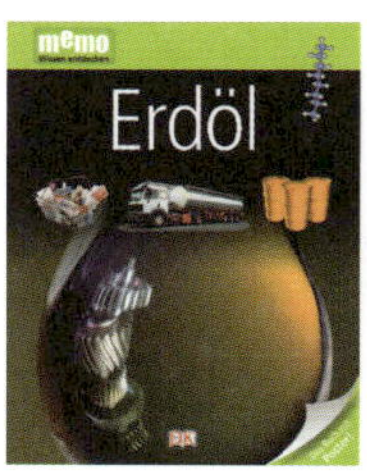

71

72

73

74

75

76

77

78

79

80

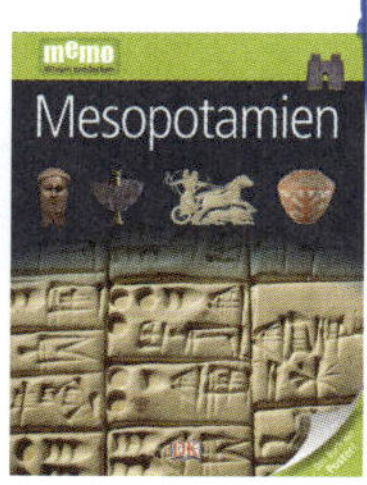

81

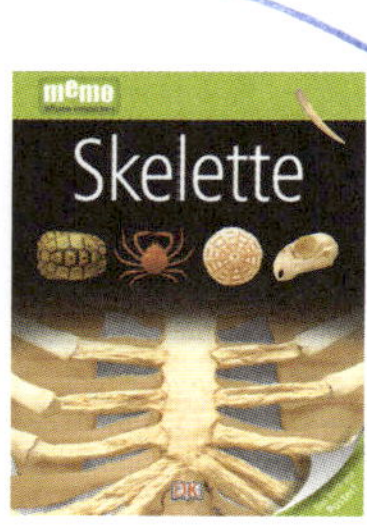

82

memo Wissen entdecken

Gesteine & Mineralien

Scheibe einer
Septarie
Granat-Chlorit-Glimmerschief
Zinnober
Hämatit
(Glaskopf)
Granit
Gips-Sandrose
Kalkstein aus dem Wenlock
mit versteinerten Trilobiten

memo
Wissen entdecken

Opal

Geschliffene Turmaline

Gesteine & Mineralien

Text von

R. F. Symes u. a.

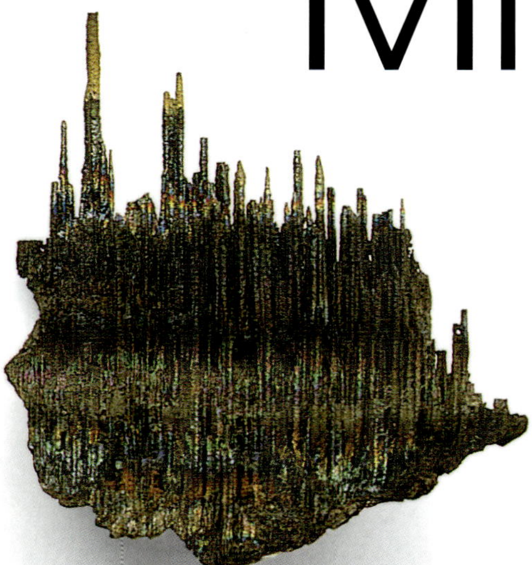

Goethit

Pyrit

Obsidian

Schwefel

Nephrit-„Tiki“

Labradorit

DK

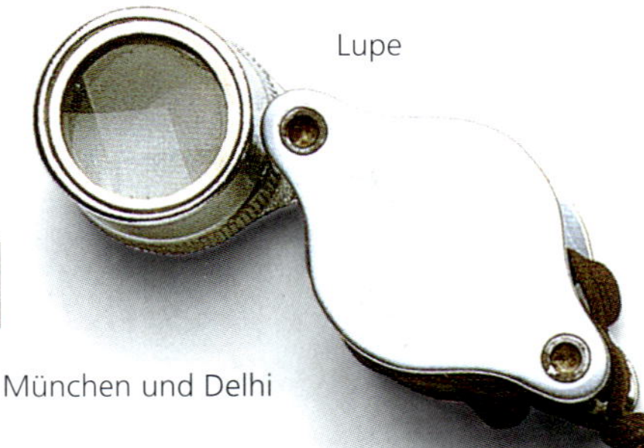
Lupe

London, New York, Melbourne, München und Delhi

Projektleitung Sunita Gahir
Programmleitung Andrea Pinnington
Cheflektorat Andrew Macintyre, Camilla Hallinan
Herstellung Jenny Jacoby, Georgina Hayworth
Projektbetreuung Janice Lacock
Redaktion Angela Wilkes, Sue Nicholson
Fachliche Beratung Dr. R. F. Symes, Dr. Wendy Kirk
Bildredaktion Neville Graham, Jane Owen, Jane Thomas, Martin Wilson, Catherine Goldsmith
Fotos Colin Keates, Andreas Einsiedel
Bildrecherche Angela Anderson, Claire Bowers, Kate Lockley
DTP-Design Siu Chan, Andy Hilliard, Ronaldo Julien
Umschlaggestaltung Smiljka Surla

Für die deutsche Ausgabe:
Programmleitung Monika Schlitzer
Projektbetreuung Martina Glöde, Janna Heimberg
Herstellungsleitung Dorothee Whittaker
Herstellung Anna Ponton

Bibliografische Information Der Deutschen Bibliothek Die Deutsche Bibliothek verzeichnet diese Publikation in der Deutschen Nationalbibliografie; detaillierte bibliografische Daten sind im Internet über http://dnb.ddb.de abrufbar.

Titel der englischen Originalausgabe:
Eyewitness Rock & Mineral

Übersetzung Almut Heller, Gerd Hintermaier-Erhard (S. 64–71, Poster)
Lektorat Klaus-Dietrich Petersen, Ernst Skalicky, Markus Brinkmann
Satz Roman Bold & Black

ISBN 978-3-8310-1882-6

Colour reproduction by Colourscan, Singapore
Printed and bound in China

Besuchen Sie uns im Internet
www.dorlingkindersley.de

Verschiedene rohe und polierte Kiesel

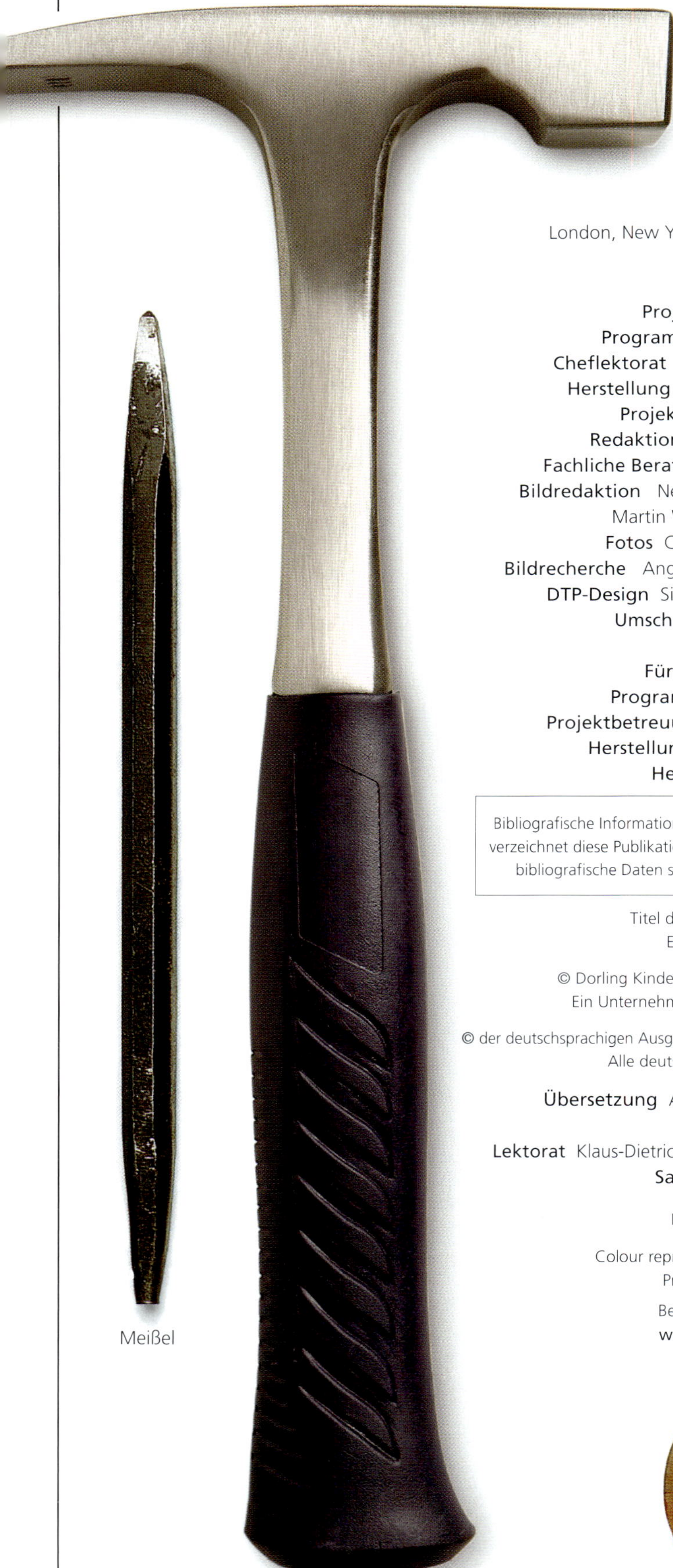
Meißel

Geologenhammer

Kamee aus Chalzedon

Inhalt

Geschliffener Zitrin
Baryt-Sandrose
Farbloser Topas
Geschliffener Amethyst

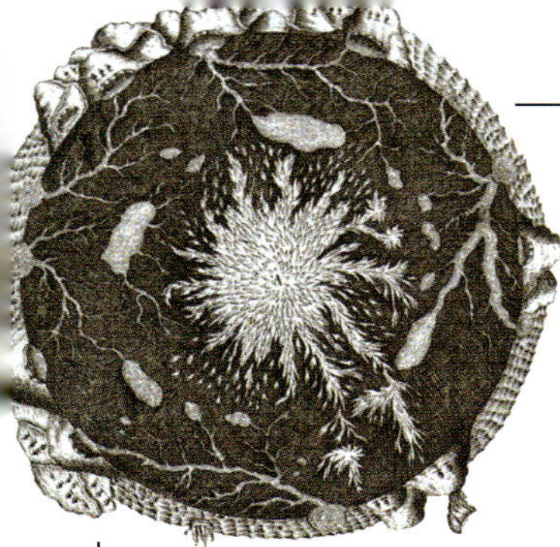

Frühe Darstellung der Erde mit Feuerkern

Die Erde

Die Erde, einer der acht Planeten, die um die Sonne kreisen, ist ungefähr 4,6 Milliarden Jahre alt. „Geologie" heißt wörtlich „Lehre von der Erde". Da die Gesteine Informationen über die Vergangenheit der Erde speichern, werden sie von Geologen erforscht. So können die Prozesse und Ereignisse, die zur Entstehung der Erde führten, entschlüsselt werden. Da bis heute alle Bohrungen nur wenige Kilometer tief in die Erdkruste reichen, haben wir keinen direkten Zugang zu den Mantelgesteinen. Die auf dieser Doppelseite dargestellten Gesteine und Mineralien stammen von den unterschiedlichsten Fundorten. Sie machen mit grundlegenden Merkmalen und Begriffen vertraut, die später ausführlicher erklärt werden.

DER AUFBAU DER ERDE
Die Erde besteht aus dem Kern, dem Mantel und der Kruste. Die Kruste und der äußere Mantel bilden die kontinentalen und ozeanischen Platten, die sich langsam über dem darunterliegenden Mantel bewegen. Zum Zentrum der Erde hin nehmen sowohl die Temperatur als auch der Druck zu.

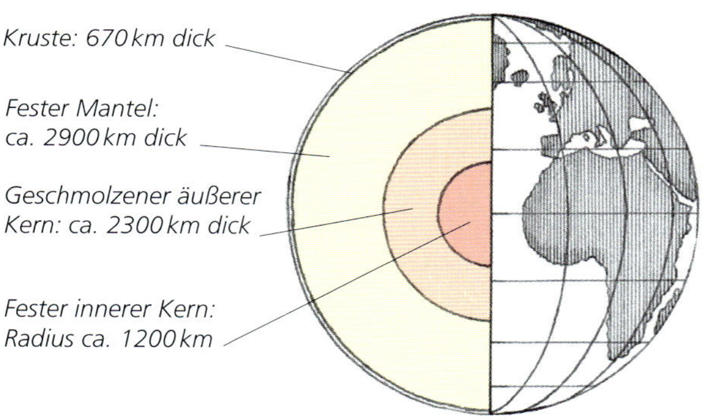

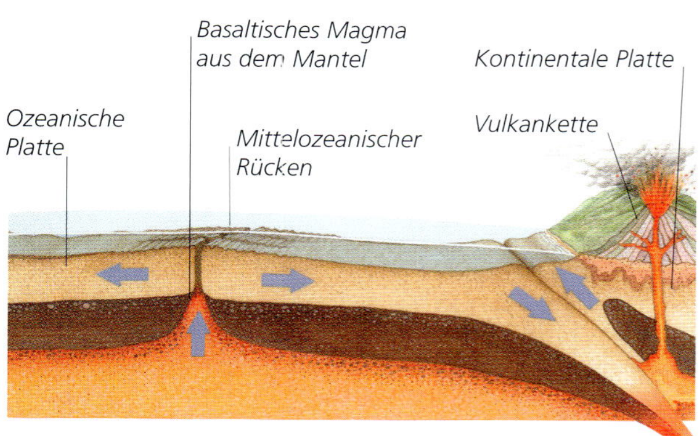

BEWEGUNG DER PLATTEN
Wo die Platten miteinander kollidieren, können Gebirgsketten wie beispielsweise der Himalaja entstehen. In den Ozeanen füllt Material aus dem Mantel die Lücken zwischen den Platten und bildet so die mittelozeanischen Rücken.

EDELMETALLE
Platin, Silber und Gold sind wertvolle, seltene Metalle (S. 58–59).

STRANDGERÖLLE
Sie entstehen aus größeren Steinblöcken durch Verwitterung und die Einwirkung der Wellen (S. 14–15).

Gold in einer Quarzader

KRISTALLHABITUS
Form und Ausmaße eines Kristalls werden als Habitus bezeichnet (S. 46–47).

Pyritwürfel

ERZE
Sie sind das Ausgangsprodukt vieler nützlicher Metalle (S. 56–57).

Kassiterit, ein Zinnerz aus Bolivien

Geschliffener Zitrin, eine Sonderform des Quarzes

Diamant in Kimberlit

EDELSTEINE
Seltene, widerstandsfähige und schöne Mineralien können als Edelsteine geschliffen werden. Sie werden hauptsächlich für Schmuck verwendet (S. 50–55).

Quarzkristalle aus Frankreich

KRISTALLE
Viele Mineralien bilden feste Körper mit geraden Kanten und regelmäßig orientierten Facetten aus: die Kristalle (S. 44–47).

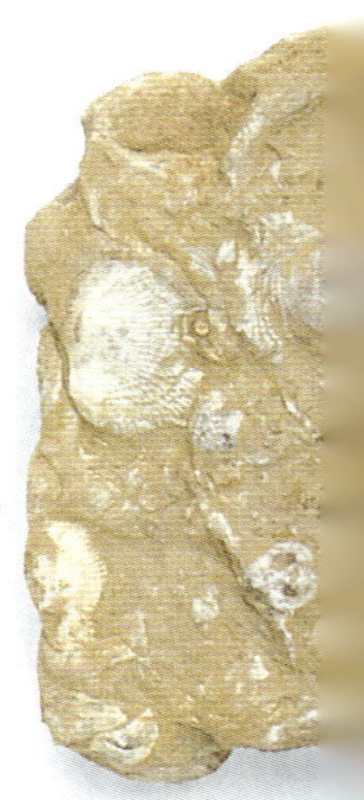

Kalkstein mit Muschelfossilien

FOSSILIEN
Fossilien sind die in den Gesteinen enthaltenen Reste oder Abdrücke von Pflanzen und Tieren (S. 38–39).

Quarzitgerölle

MAGMATISCHE GESTEINE
Die häufigsten Gesteine entstehen aus geschmolzenem Magma (S. 16–17).

Granit

VULKANISCHE GESTEINE
Vulkanische Aktivität erzeugt eine ganze Reihe verschiedener Gesteine und Lavaarten (S. 18–19).

Delta
Sueskanal
Kairo
Nil

SATELLITENBILD VON NIL UND NILDELTA
Der Nil transportiert Schutt, d. h. erodierte Gesteine aus Zentralägypten, und lagert sie in seinem Delta und im Meer ab. Schließlich entstehen daraus Sedimentgesteine (S. 11, 20).

Zähflüssige Lava aus Hawaii

Kalkstein aus dem Karbon

SEDIMENTGESTEINE
Diese Gesteinsgruppe entsteht durch die Verfestigung von Ablagerungen, die durch die Erosion anderer Gesteine entstanden sind (S. 20–23).

Anthrazit, die härteste Kohlesorte

KOHLE
Kohle ist ein Sedimentgestein aus den unter hohem Druck verdichteten Resten von Pflanzen (S. 36–37).

Ingito-Berge am Rand des Ostafrikanischen Grabens
Amboseli-Salzsee
Chyulu-Berge (Kenia)

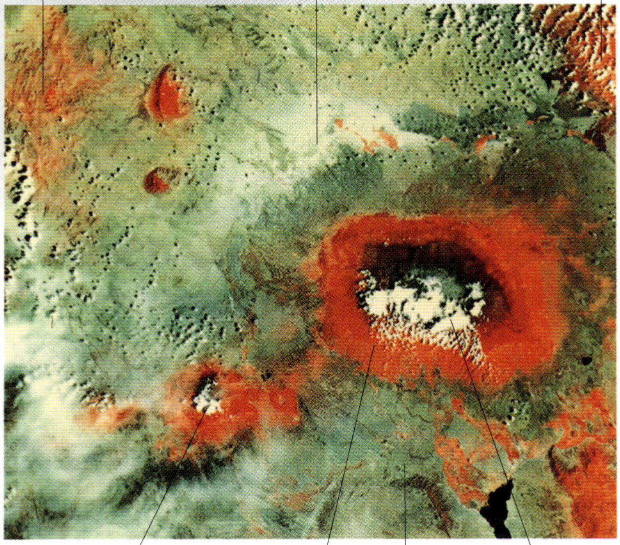

Berg Meru
Kilimandscharo
Pangani-Flusstal
Kibo-Gletscher

SATELLITENFOTO VON OSTAFRIKA
In diesem Gebiet gibt es eine Reihe von Landschaften, die ihr Gepräge verschiedenen Gesteinen verdanken, z. B. vulkanischen Gesteinen (S. 18), aus denen der erloschene Vulkan Kilimandscharo besteht, und Evaporiten in ausgetrockneten Seen.

Was sind Gesteine und Mineralien?

James Hutton (1726–1797), einer der Begründer der modernen Geologie

Gesteine sind natürliche Aggregate oder Verbindungen eines oder mehrerer Mineralien. Gesteine wie Quarzit (reiner Quarz) oder Marmor (reiner Kalzit) bestehen aus den Kristallen eines einzigen Minerals, die meisten Gesteine setzen sich allerdings aus verschiedenen Mineralien zusammen. Mineralien sind in der Natur vorkommende, anorganische Feststoffe mit exakt definierter chemischer Zusammensetzung und einem geordneten Atomgitter. Zwei häufig vorkommende Gesteine, Granit und Basalt, werden hier zusammen mit einzelnen Stufen der wichtigsten Mineralien, aus denen sie sich zusammensetzen, gezeigt. Die gesteinsbildenden Mineralien lassen sich in mehrere Gruppen unterteilen (S. 42–43).

MINERALISCHE BESTANDTEILE VON GRANIT
Im Allgemeinen sind mehrere Arten von Mineralien in einem Gestein enthalten. Ihre Größe und ihre Anordnung variieren je nach der Entstehung des Gesteins. Im grobkörnigen, magmatischen Granitgestein sind die drei Hauptbestandteile mit bloßem Auge erkennbar: Quarz (graue Flächen), Feldspat (rosa und weiß) und Glimmer (schwarz).

MINERALISCHE BESTANDTEILE VON BASALT
Basalt besteht hauptsächlich aus den drei Mineralien Olivin, Pyroxen und dem Feldspat Plagioklas. Diese sind allerdings wegen der Feinkörnigkeit des Basalts nicht immer mit bloßem Auge sichtbar. Dieser Olivinbasalt stammt vom Krater des Vulkans Kilauea auf Hawaii.

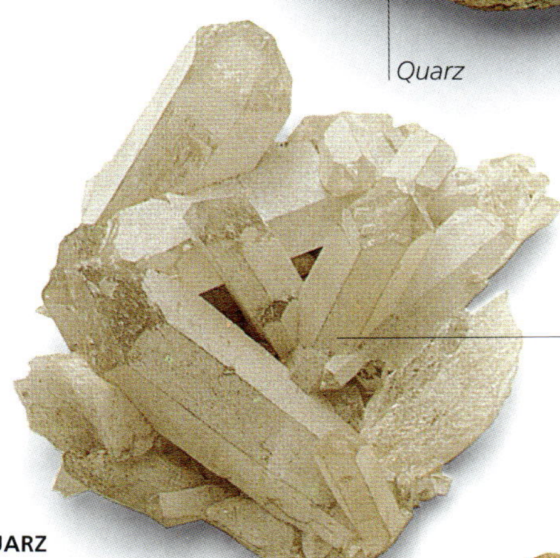

QUARZ
Gut ausgebildete Quarzkristalle können milchige, angeätzte Flächen haben wie beispielsweise die hier gezeigte Gruppe.

OLIVIN
Grüne, durchsichtige Olivinkristalle kommen relativ selten vor. Sie sind als Edelsteine unter den Bezeichnungen Peridot oder Chrysolith bekannt (S. 54).

FELDSPAT
Flache oder polierte Labradoritkristalle, ein Plagioklas aus Labrador (Nordamerika), erstrahlen in einem prächtigen Farbenspiel.

GLIMMER
Die schwarzen Biotitkristalle (eine Glimmersorte) lassen sich in hauchdünne Blättchen spalten.

FELDSPAT
Orthoklaskristalle (ein Feldspat) sind oft milchig weiß oder hellrosa gefärbt.

PYROXEN
Dieser gut entwickelte schwarze Einzelkristall der Pyroxenvarietät Augit stammt aus Italien. Augitkristalle kommen in vielen magmatischen Gesteinen vor.

Gesteinsformen

Die Erscheinungsformen der Gesteine und Mineralien sind vielfältig. Gesteine sind nicht immer hart und fest, denn loser Sand und feuchter Ton werden beispielsweise auch als Gesteine betrachtet. Die Größe der Einzelmineralien reicht von weniger als 1 mm in einem feinkörnigen, vulkanischen Gestein bis zu mehreren Metern in einem Granitpegmatit.

GESTEINE IM GESTEIN
Dieses Handstück eines Sedimentgesteins ist eine tonige Septarie. Derartige Knollen entstehen, wenn Porenwasser Mineralien innerhalb eines Gesteins umverteilt, sodass sie ein Muster bilden. Diese Knollen werden manchmal auch „Konkretionen" genannt. Hier sind es Kalzitadern, die das Muster bilden.

KRISTALLE EINES ERZMINERALS
Solche rotorangefarbenen, tafelförmigen Kristalle des Minerals Wulfenit kommen in Molybden führenden Erzadern vor. Dieses Stück stammt aus Arizona (USA).

Ausbruch des Mont Pelée auf Martinique am 5. August 1851

GESTEINE, DIE DURCH WASSERVERDUNSTUNG ENTSTEHEN
Stalaktiten entstehen aus Stoffen, die sich ablagern, wenn Tropfwasser verdunstet (S. 22). Dieser eindrucksvolle blaue Stalaktit besteht aus einem einzigen Mineral: Chalkanthit (Kupfersulfat). Er entwickelte sich aus mit Kupfer angereichertem Sickerwasser in einem Bergwerk.

Ein durch Ablagerungen des Kupferminerals Chalkanthit bunt gefärbtes Stollengewölbe

GESTEINE AUS VULKANAUSBRÜCHEN
Trotz seines außergewöhnlichen Aussehens ist „Peles Haar" genau genommen auch ein Gestein. Es besteht aus goldbraunen, haarähnlichen Basaltglasfasern, die vereinzelt winzige Olivinkristalle einschließen. Dieses Gestein entstand, als basaltartige Lava bei dem Vulkanausbruch zerstäubt wurde.

GEBÄNDERTE GESTEINE
Norit ist ein magmatisches Gestein, das sich aus den Mineralien Pyroxen, Plagioklas und dem chromreichen Chromit zusammensetzt. In diesem Handstück aus Südafrika haben sich die hellen und dunklen Mineralien voneinander getrennt, sodass das Gestein gebändert ist. Aus den dunklen Chromitlagen wird Chrom gewonnen.

Wie Gesteine entstehen

Die geologischen Prozesse wirken in festgelegten Kreisläufen, die jeweils die chemischen Elemente, Mineralien und Gesteine an und unter der Erdoberfläche umverteilen. Die Prozesse in der Erdkruste, wie Metamorphose und Gebirgsbildung, werden von der Wärme des Erdinneren gesteuert, die Oberflächenprozesse, wie die Verwitterung, hauptsächlich von der Sonnenenergie.

Andesit aus einem Vulkanausbruch auf den pazifischen Salomoninseln

Reiner Quarzsand ist das Verwitterungsprodukt von Granit oder Sandstein.

VULKANISCHE AKTIVITÄT
Wenn Gesteine der Kruste und des äußeren Mantels schmelzen, verwandeln sie sich in Magma, das durch vulkanische Tätigkeit bis zur Erdoberfläche aufsteigen kann. Daraus ergeben sich extrusive, magmatische Gesteine (S. 16). Das häufigste Gestein aus dieser Familie ist der Basalt.

Basaltische Lava aus Hawaii

VULKANISCHER ORIENTIERUNGSPUNKT
Der Puy de Dôme in Frankreich, ein landschaftsprägendes Felsmassiv, ist der Kern eines erloschenen Vulkans.

MAGMATISCHER INSELBERG
Der bekannte Zuckerhut in Brasilien besteht aus intrusiven, magmatischen Gesteinen, die infolge der Verwitterung der darüberliegenden Gesteine freigelegt wurden.

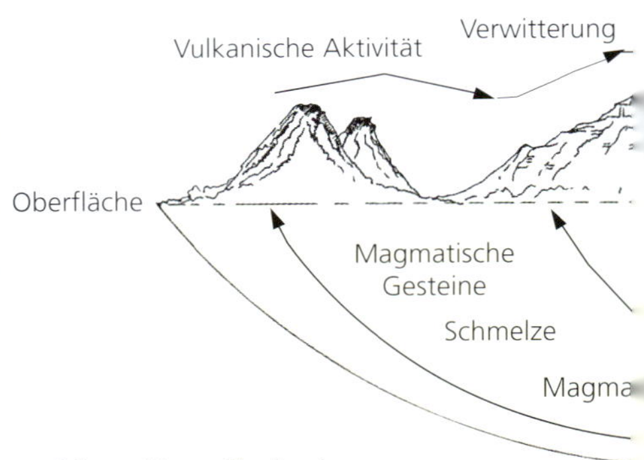

Gabbro ist das grobkörnige Äquivalent zum Basalt.

Granit aus Nordengland mit großen, rosafarbenen Feldspatkristallen

GESTEINE AUS DEM MAGMA
Gesteine, die im Erdinneren aus geschmolzenem Magma kristallisieren, sind sogenannte intrusive, magmatische Gesteine (S. 11). Sie werden auch Tiefengesteine oder Plutonite genannt. Eines davon, der Granit, kann in den Gebirgen riesengroße Massen bilden, die Batholithe heißen.

SCHMELZVORGANG *rechts*
Unter Umständen führen hohe Temperaturen und großer Druck dazu, dass die Gesteine teilweise aufschmelzen. Wenn sie später zusammengepresst werden, können schlangenförmige Adern entstehen. Migmatite sind solche Mischgesteine mit einem metamorphen Primärgestein wie Gneis oder Glimmerschiefer, das von Granitadern durchzogen ist.

Migmatit aus Finnland

VERWITTERUNG
Der Wettereinfluss kann eine chemische Veränderung der Gesteine bewirken oder zu ihrer völligen Zerkleinerung führen (S. 12), wobei Sedimente entstehen. Quarzhaltige Gesteine verwittern zu Sand, während aus der Verwitterung feldspatreicher Gesteine Ton entsteht.

Ton ist ein wichtiger Bestandteil der Böden.

ABLAGERUNG DER SEDIMENTE
Sedimente werden von Flüssen, in Wüstengebieten dagegen vom Wind transportiert. Sobald die Strömungsgeschwindigkeit des Transportmediums abnimmt, etwa wenn ein Fluss in einen See mündet, setzt sich das Sediment in Lagen mit Partikeln verschiedener Korngröße ab. Durch die Verdichtung dieser Ablagerungen entstehen Sedimentgesteine (S. 20).

Geschichteter Sandstein aus Arkansas (USA)

FLUSSTRANSPORT
Flüsse wie dieser (Satellitenaufnahme) transportieren immer Gesteinsbruchstücke mit sich. Allein der Mississippi lagert Tag für Tag Tausende von Tonnen Sedimente in seinem Delta ab.

Gebänderter Ton aus Uganda

200 Mio. Jahre alter Wüstensandstein aus Schottland

DER KREISLAUF DER GESTEINE
Dieser Kreislauf hat keinen Anfang und kein Ende. Seit Millionen von Jahren beginnt er immer wieder neu.

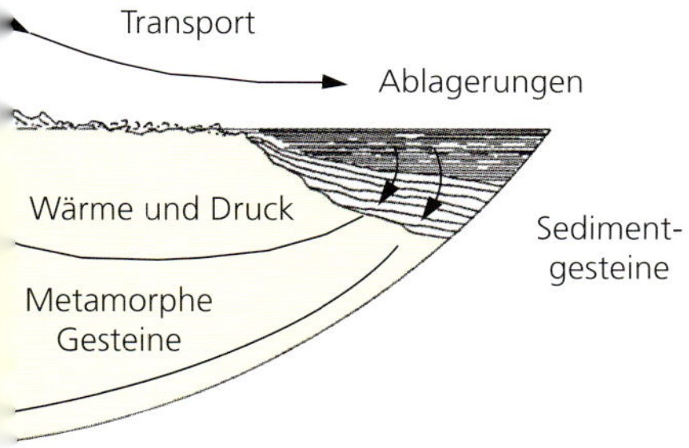

METAMORPHE GESTEINE
Quarzadern durchziehen diesen Schieferaufschluss in Schottland. Diese Region ist sehr reich an metamorphen Gesteinen.

Quarzit, ein durch Druck in größerer Tiefe umgewandelter Sandstein

Gneis, ein gebändertes metamorphes Gestein

Glimmerschiefer aus der Metamorphose von Tonschiefer

METAMORPHOSE
Je tiefer ein Gestein unter der Erdoberfläche liegt, desto größer ist der von den darüberliegenden Gesteinsmassen ausgehende Druck und desto höher ist die Temperatur. Druck und Wärme bewirken eine Umwandlung oder „Metamorphose", bei der die Mineralien umkristallisieren. Die neu entstandenen Gesteine werden metamorphe Gesteine genannt (S. 24).

Verwitterung und Erosion

An der Erdoberfläche zersetzen sich alle Gesteine. Verwitterung ist vor allem eine chemische Reaktion, die durch die Anwesenheit von Wasser unterstützt wird. Gesteine werden außerdem durch mechanische Prozesse zersetzt, zu denen Regen, abwechselndes Frieren und Tauen, die abtragende Wirkung von sedimentbeladenem Wasser, Wind oder Eis gehören, oder durch eine Kombination dieser Faktoren.

Winderosion

Ständiger Angriff von sandbeladenem Wind kann ein Gestein allmählich abschleifen und erodieren.

MONUMENT VALLEY (USA)
Die Abtragung (Abrasion) durch den Wind hat hier auffallende Gesteinsblöcke, die Zeugenberge, hinterlassen.

ABRASION DURCH WIND
Der Wind trägt die weichen Gesteinslagen in stärkerem Maße ab und lässt die härteren Lagen hervortreten.

SANDSCHLIFF
Gesteinsbruchstücke in der Wüste, an denen durch den Flugsand Facetten entstanden sind, heißen Windkanter oder Dreikanter.

Verwitterung durch Temperaturschwankungen

Kommt es durch Temperaturveränderungen abwechselnd zu Ausdehnungen und Kontraktionen, können Gesteine zerbrechen. Auch Sickerwasser vergrößert sein Volumen, wenn es gefriert, und kann so Gesteine schließlich sprengen.

Sandstein aus Sandkörnern, die vor 200 Mio. Jahren in einem Wüstengebiet angehäuft wurden

Sand aus einer heutigen Wüste in Saudi-Arabien

EROSION IN DER WÜSTE
Gesteine, die im Wüstenklima, wo das Sediment durch den Wind transportiert wird, entstanden sind, haben oft eine rötliche Farbe und bestehen aus charakteristischen, gerundeten Sandkörnern.

WÜSTENMILIEU
Wind- und Temperaturschwankungen bewirken eine ständige Erosion der Gesteine und lassen z. B. in der Sahara bizarre, unwirtliche Landschaften entstehen.

„ZWIEBELSCHALEN"
Die Oberflächenlagen des Gesteins dehnen sich infolge von Temperaturschwankungen abwechselnd aus und ziehen sich wieder zusammen.

Feinkörniger Dolerit

Zwiebelschalenförmig verwitterter Dolerit

Durch Temperaturschwankungen entstandene abgelöste Lagen, die an Zwiebelschalen erinnern

Chemische Verwitterung

Nur wenige Mineralien können dem Angriff des sauren Regens widerstehen. An der Bodenoberfläche ausgewaschene Mineralien können in den Unterboden und die darunterliegenden Gesteine getragen und neu abgelagert werden.

Frischer, unverwitterter Granit

Grober, verwitterter Granit

VERÄNDERUNGEN DER MINERALIEN
Granit wird durch gefrierendes Wasser gespalten. Die Mineralien werden dann chemisch verändert, wobei grobe Gesteinsfragmente entstehen.

GRANITFELSEN MIT WOLLSACKSTRUKTUR
Solche gerundeten Steingebilde entstehen, wenn das umgebende Gestein entlang von Spalten und Klüften erodiert ist.

Mineralablagerungen an Eisen durch Sickerwasser

Sekundäre Mineralien

CHEMISCHE VERÄNDERUNGEN
Die chemische Verwitterung eines Erzgangs kann eine Umlagerung von Mineralien bewirken. Die grellfarbigen Mineralien entstanden aus Ablagerungen, die durch Verwitterung in höheren Gesteinsschichten gelöst wurden. Es sind sekundär-hydrothermale Ablagerungen.

VERWITTERUNG IN DEN TROPEN
Unter bestimmten tropischen Klimabedingungen wird Quarz gelöst und weggetragen, während Feldspate zu Tonmineralien werden, die sich als dicke Bauxitablagerungen an der Oberfläche anhäufen können (S. 56).

DAS PARTHENON IN ATHEN
Chemikalien in der Luft können mit dem Stein reagieren und erhebliche Verwitterungsschäden verursachen.

Eiserosion

Die zu Tal rutschenden Gletscher nehmen Gesteinsfragmente auf, die in die Eissohle einfrieren. Die Masse bewirkt weitere Erosion der darunterliegenden Gesteine.

MORTERATSCH-GLETSCHER (SCHWEIZ)
Gletscher sind die Hauptverursacher der Erosion in den Gebirgen.

Großes Gesteinsfragment

GLETSCHERABLAGERUNGEN
Geschiebemergel ist eine Ablagerung, die als Grundmoräne von dem schmelzenden Gletscher zurückgelassen wird und aus Gesteinsbruchstücken von mikroskopischer Korngröße bis zu großen Geröllen besteht. Ehemalige Grundmoränen, die zu hartem Gestein verfestigt wurden, nennt man Tillite. Dieses Exemplar stammt aus Flinders Range (Südaustralien).

Durch einen Gletscher verursachte Schrammen

GLETSCHERSCHLIFF
Die tiefen, eingeritzten Schrammen auf diesem Kalkstein aus Grindelwald (Schweiz) stammen von abrasiv wirkenden Gesteinsbrocken in einem Gletscher.

Gesteine an der Meeresküste

Gerölle am Chesil Beach (England)

An der Meeresküste kann man interessante geologische Prozesse beobachten. An vielen Küsten stehen Klippen, an deren Fuß sich herabgefallene grobe Gesteinstrümmer ansammeln. Diese Ablagerungen werden nach und nach vom Meer in Geröll, Kies, Sand und Schlick zerkleinert. Dann werden die Sedimente in verschiedene Korngrößen sortiert, also getrennt gelagert. Sie bilden das Rohmaterial für zukünftige Sedimentgesteine (S. 20).

VERSCHIEDENE KORNGRÖSSEN
Am Strand wird der Kies durch Wellenbewegung und Gezeiten nach Größe „sortiert". Der Sand stammt aus einem in der Nähe liegenden Gebiet. Es ist reiner Quarz. Die übrigen gesteinsbildenden Mineralien sind durch die Wellenbewegung herausgewaschen worden.

Große Steine

HÜPFENDE STEINE
Jedes Kind weiß, dass flache Steine am besten auf der Wasseroberfläche hüpfen können. Meistens handelt es sich dabei um sedimentäre oder metamorphe Gesteine, da sich diese Steine oft leicht blättrig spalten lassen.

Glimmerschiefer

Schiefer

Unregelmäßig geformte Pyritknolle

STEINE „ALS VISITENKARTEN"
Diese Gerölle spiegeln die geologischen Verhältnisse ihrer näheren Umgebung wider, denn alle stammen aus der Nachbarschaft des Strands, an dem sie aufgesammelt wurden. Es sind metamorphe Gesteine, die zu flachen Scheiben verkleinert wurden.

VERSTECKTE KRISTALLE
Pyritknollen treten häufig in Kreideformationen auf. Sie können interessante Formen annehmen. Unterhalb der glanzlosen Oberfläche verbergen sich unvermutet strahlende Kristalle.

MUSCHELKIES
Leere Seemuschelschalen sind einer ständigen Wellenbewegung ausgesetzt. Mit der Zeit werden die scharfen Kanten der zerbrochenen Schale gerundet, sodass kleine Gerölle entstehen.

BERNSTEINGERÖLLE
Bernstein ist das fossile Harz von Nadelbäumen, die vor Tausenden von Jahren wuchsen. Er ist v. a. an der Ostseeküste, in Russland und Polen zu finden.

VERSTEINERTE WELLEN
Rippelmarken entstehen unter Wasser, wenn Sand durch Strömungen bewegt wird. Diese in einem Sandstein aus Finnland erhalten gebliebenen Rippeln zeigen, dass auch in der Vergangenheit sedimentäre Prozesse stattfanden, die den heutigen sehr ähnlich sind (S. 20).

SCHWARZSANDE
In Gebieten mit vulkanischer Aktivität kann Strandsand reich an dunklen Mineralien sein, während Quarz oft fehlt. Dieser Olivinsand stammt aus Raasay (Schottland), der magnetithaltige Sand von Teneriffa.

Dunkler Olivinsand

Magnetithaltiger Sand

Schwarzer, vulkanischer Aschestrand an der Nordküste von Santorin (Griechenland)

Grobkies

Mittelkies

Feinkies

Quarzsand

Gerundete, gelbliche Oberfläche

Radial angeordnete, glitzernde Kristalle

WAS STECKT IN DER KREIDE?
Flintknollen widerstehen der Abrasionswirkung der Wellen recht lange. Sie finden sich daher in großer Zahl an Stränden in Gebieten, in denen Kreidekalk ansteht.

In Kreideklippen verbergen sich oft Pyrit- und Flintknollen.

GRANITISCHER URSPRUNG
Wo Granit ansteht, sind Strandgerölle aus Quarz, einem häufigen Gangmineral, sowie aus rosa oder grauem Granit verbreitet.

Flintknollen vom Strand unterhalb einer Kreideklippe

ORTSFREMDES MATERIAL
Nicht alle Gerölle stammen aus der unmittelbaren Umgebung. Dieses porphyrische, vulkanische Gestein ist wahrscheinlich durch Eis in der letzten Eiszeit von Norwegen quer über die Nordsee nach England transportiert worden.

Strandgeröll aus Glas

Geröll aus Ziegelstein

KÜNSTLICHE GERÖLLE
Abgesehen von den natürlichen Mineralien und Gesteinen können auch Gegenstände, die von Menschen hergestellt wurden, ans Ufer gespült werden, etwa Schiffsballast oder Abfall. Einiges davon wird dann von den Wellenbewegungen abgeschliffen und gerundet.

STRANDSCHUTZ
Künstliche Buhnen sollen Kies und Sand festigen.

Basaltnadel auf St. Helena

Magmatische Gesteine

Diese Gesteine entstehen durch Abkühlung und Erstarrung von aus der tieferen Erdkruste oder dem äußeren Mantel aufgestiegenem, geschmolzenem Magma. Es gibt zwei Arten magmatischer Gesteine. Die Tiefengesteine erstarren als Intrusionen der Erdkruste und kommen erst an die Oberfläche, nachdem die darüberliegenden Gesteine abgetragen worden sind. Erkaltet das als Lava aus einem Vulkan ausgetretene Magma an der Erdoberfläche, handelt es sich um ein vulkanisches Gestein.

BASALTSÄULEN
Erkaltender Basalt erstarrt oft in Form sechseckiger (hexagonaler) Säulen. Der Giant's Causeway in Nordirland ist ein eindrucksvolles Beispiel.

Biotitgranit

Die schwarzen Körner sind Biotitkristalle. Biotit ist ein Glimmer (S. 42).

Schriftgranit

Die länglichen, geknickten Quarzkristalle sehen gegen die hellrosafarbenen Feldspatkristalle wie die Buchstaben einer altertümlichen Schrift aus.

Rosa Granit

Die Farbe rührt von dem hohen Anteil an Kaliumfeldspat im Gestein her.

GRANIT
Granit ist ein weitverbreitetes Tiefengestein. Es besteht aus den drei Mineralien Quarz, Feldspat und Glimmer als Hauptkomponenten. Die einzelnen Kristalle sind deshalb so groß, weil das Magma tief unter der Erdoberfläche nur langsam abkühlt. Granit ist im Allgemeinen unregelmäßig bunt gemustert. Die Grundfarbe wechselt – je nach dem Verhältnis der Hauptbestandteile spielt sie mehr ins Grau oder Rot. Granit kommt in vielen Erdteilen vor. Der hier gezeigte Biotitgranit stammt aus Hay Tor im Dartmoor (England).

PECHSTEIN
Aus sehr rasch erkalteter Lava entstanden, enthält Pechstein einige Feldspat- und Quarzkristalle und hat ein mattes, pechähnliches Aussehen. Pechstein kann eine braune, schwarze oder graue Farbe mit sichtbaren Feldspat- und Quarzkristallen aufweisen.

OBSIDIAN
Wie Pechstein ist Obsidian ein durch sehr schnelle Abkühlung der Lava entstandenes Glas. Er erstarrt so schnell, dass sich die Kristalle nicht ausbilden können. Die scharfen Kanten dieses Handstücks aus Island sind typisch für Obsidian, der in der Steinzeit als Rohstoff für Werkzeuge sehr geschätzt war (S. 29).

PORPHYR
Porphyre sind vulkanische Gesteine mit großen, als Einsprenglinge bezeichneten Kristallen in einer feinkörnigen Masse. Dieses Stück enthält solche Feldspateinsprenglinge und stammt aus Wales.

DÜNNSCHLIFF EINER GABBROPROBE
Unter einem Mikroskop mit polarisiertem Licht zeigen sich an sehr dünn geschliffenen Gesteinsproben verborgene Merkmale wie die Kristallgeometrie (S. 42). Die bunten Kristalle im Bild sind die eisen- und magnesiumhaltigen Mineralien Olivin und Pyroxen, das graue Mineral ist Plagioklas (ein Feldspat).

GABBRO
Gabbro ist ein Tiefengestein mit dunklen Mineralien wie Olivin und Augit. Er ist wegen der bei der langsamen Abkühlung des Magmas entstandenen großen Kristalle grobkörnig. Dieser Gabbro stammt von der Insel Skye (Schottland).

BASALT
Aus erstarrter Lava entstanden, ist Basalt das häufigste vulkanische Gestein. Er hat die gleiche Zusammensetzung wie Gabbro, aber die Einzelmineralien weisen viel geringere Korngrößen auf. Wenn die Lava erkaltet, kann sie sich in vieleckige (polygonale) Säulen teilen. Die Basaltnadel auf St. Helena und der Giant's Causeway in Nordirland zeigen dieses Phänomen besonders eindrucksvoll.

Basalt mit Blasentextur

Basaltmandelstein

VULKANISCHE GESTEINE MIT BLASENTEXTUR
Beide Gesteine (oben) sind Basalte, in denen Gasblasen in der heißen, zähen Lava bei der Abkühlung eingeschlossen blieben. Basalt mit Blasentextur ist leicht porös. Im Basaltmandelstein wurden die Hohlräume später mit einem fremden Mineral wie z. B. Kalzit ausgefüllt. Die beiden Gesteine wurden auf Hawaii gefunden, wo rege vulkanische Aktivität herrscht.

PERIDOTIT
Peridotit ist ein dunkles, schweres Gestein mit den Mineralien Olivin und Pyroxen als Hauptbestandteil. Man nimmt an, dass Peridotit unter der Gabbroschicht, 10 km unter dem Ozeanboden, zu finden ist. Das abgebildete Stück stammt aus dem Odenwald.

SERPENTINIT
Wie der Name schon vermuten lässt, enthält dieses grobkörnige, rotgrüne Gestein Serpentin als Hauptmineral. Es ist hier von weißen Kalzitadern durchzogen. Serpentinit ist in den Alpen verbreitet.

Ausbruch des Eldfell-Vulkans auf Island (1973)

Vulkanische Gesteine

Die durch vulkanische Aktivität entstandenen Gesteine kann man in zwei Gruppen unterteilen: die pyroklastischen Gesteine einerseits und die basischen und sauren Laven andererseits. Pyroklastische Gesteine entstehen aus eher festen Gesteinsfragmenten oder verformbaren Lavabomben, die aus dem Krater herausgeschleudert werden. Die Lavabomben erstarren, während sie durch die Luft fliegen. Gesteine aus erstarrter Lava variieren je nach der Beschaffenheit des Materials. Saure Lava ist zähflüssig und bildet Vulkane mit steilen Hängen. Die dünnflüssigere basische Lava bildet flache Vulkane oder ergießt sich aus Spalten am Meeresgrund. Da basische Lava schnell fließt, verbreitet sie sich rasch über große Flächen.

Pyroklastische Gesteine

Pyroklastisch heißt „durch Feuer gebrochen". Diese Bezeichnung ist sehr passend für Gesteine aus Gesteins- und Lavabrocken, die durch explodierende Gase verstreut wurden.

VULKANISCHE BOMBEN
Weiche Lavabrocken, die bei einem Vulkanausbruch ausgeworfen werden, können in der Luft aushärten und als „Bomben" wieder zu Boden fallen. Diese beiden Exemplare haben die Form eines Rugbyballs. Lavabomben können aber auch kugelartig oder unregelmäßig geformt sein.

Schlotbrekzie

Vulkanischer Tuff aus der Umgebung eines Kraters

VULKANISCHE TUFFE
Die Kraft der Explosion kann die Gesteine zersprengen. Die dadurch entstehende Mischung aus kantigen Gesteinsbrocken (Brekzien) füllt oft den Zentralschlot oder lagert sich in der Nähe des Kraters ab. Die so entstandenen Gesteine nennt man vulkanische Tuffe.

Geschichteter Aschetuff

Asche

SCHNITT DURCH EINEN VULKAN
Die Lava strömt aus einem Hauptkrater oder entweicht durch Nebenkrater. Im Untergrund können Lavagänge, die die Gesteinsschichten durchschneiden, und andere, parallel zur Schichtung (= Sills), aus gehärteter Lava entstehen.

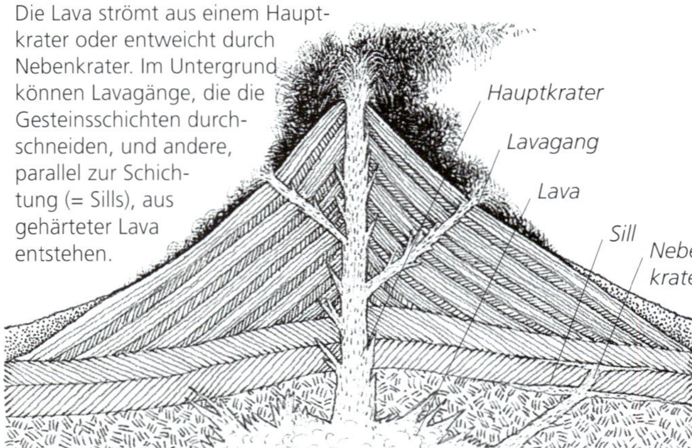

WINDVERSTREUTE PARTIKEL
Feine vulkanische Asche kann Tausende von Kilometern durch die Atmosphäre transportiert werden. Wo sie sich ablagert und verfestigt, entstehen Aschetuffe. Diese Asche wurde 1980 bei einem Ausbruch des Mount St. Helens (USA) ausgeschleudert. Die groben Körner wurden 5 km weit geblasen, die feinen 27 km.

Ausbruch des Mount St. Helens (1980

AUSBRUCH DES VESUVS
Beim Ausbruch des Vesuvs 79 n. Chr. entstand eine *nuée ardente*, eine sich rasch bewegende Wolke heißer Gase, die Lava und Asche enthielt. Damals wurde die römische Stadt Pompeji völlig zerstört.

Saure Laven

Zähflüssige, saure Laven bewegen sich sehr langsam und können schon im Schlot aushärten. Durch ansteigenden Druck können sie dann explodieren und pyroklastische Gesteine entstehen.

SCHWIMMENDE GESTEINE
Bimsstein ist ausgehärteter Lavaschaum. Weil der Schaum Gasblasen enthält, ist das Gestein ähnlich wie Honigwaben von Hohlräumen durchsetzt. Bimsstein ist das einzige Gestein, das in Wasser schwimmt. Das abgebildete Stück stammt von den Liparischen Inseln (Italien).

NATURGLAS
Obwohl von gleicher chemischer Zusammensetzung wie Bimsstein, hat Obsidian eine völlig andersartige, glasige Textur. Wegen seiner scharfen Bruchkanten stellten die Steinzeitmenschen Werkzeuge, Pfeilspitzen und Schmuck daraus her (S. 29).

SIRUPARTIGE LAVEN
Dieses helle, feinkörnige Gestein heißt Liparit. Die charakteristischen Bänder entstanden, als die klebrige, zähflüssige Lava eine kurze Strecke weit floss.

Aphthitalit

Aphthitalit

GESTEINE AUS GASEN
Aus inaktiven Vulkanen, die „ruhen" oder „sterben", können immer noch Gase entweichen und heiße Quellen heraussprudeln. Diese bunten Gesteine entstanden auf diese Art am Vesuv.

DIE ZERSTÖRUNG AKROTIRIS 1450 v. Chr.
Die minoische Stadt auf Santorin wurde 1450 v. Chr. unter Vulkanasche begraben.

Basische Laven

Diese Laven sind dünnflüssig und können weite Gebiete bedecken. Dabei wird der Krater nicht verstopft und die Gase können frei entweichen, sodass wenige pyroklastische Gesteine entstehen, obwohl viel Lava vorhanden ist.

STRICKLAVA
Während die Lava fließt, kühlt die Oberfläche ab. Es entsteht eine Haut, die sich faltet und zerknittert, während die flüssige Masse innen weiterfließt.

KRIECHENDE LAVA
Basaltische Laven sind dünnflüssig und verteilen sich schnell über größere Flächen. Die abgebildete Basaltprobe stammt vom Hualalai, einem der zahlreichen Vulkane auf Hawaii.

MEHRFARBIGER BASALT
Die glitzernden Punkte in diesem Basalt sind grüne und schwarze Pyroxenkristalle.

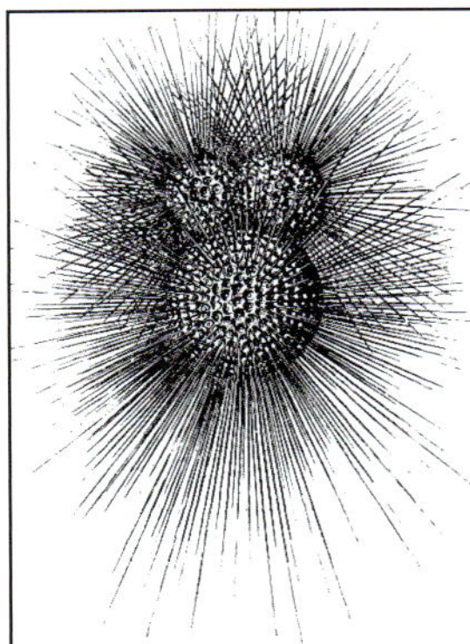

Sedimentgesteine

Durch Verwitterung und Erosion zerbrechen die Gesteine in kleinere Gesteinsfragmente und Einzelmineralien. Dieses Material, das Sediment, kann schließlich transportiert und umlagert werden, oft gelangt es ins Meer oder in ein Flussbett. Die Sedimente werden in Schichten abgelagert, die überdeckt und kompaktiert werden. Mit der Zeit werden die Teilchen zu neuen Gesteinen zusammengekittet, die als Sedimentgestein bekannt sind. In großen Aufschlüssen ist es oft möglich, die verschiedenen Sedimentlagen mit bloßem Auge zu erkennen.

KALKLIEFERANTEN *ganz oben*
Foraminiferen sind Meeresorganismen, die Kalk produzieren. Obwohl sie selten größer sind als ein Stecknadelkopf, spielen sie eine sehr wichtige Rolle bei der Entstehung der Sedimentgesteine. Wenn sie sterben, sinken ihre Gehäuse auf den Meeresgrund, wo sie schließlich zu Kalkstein verfestigt werden.

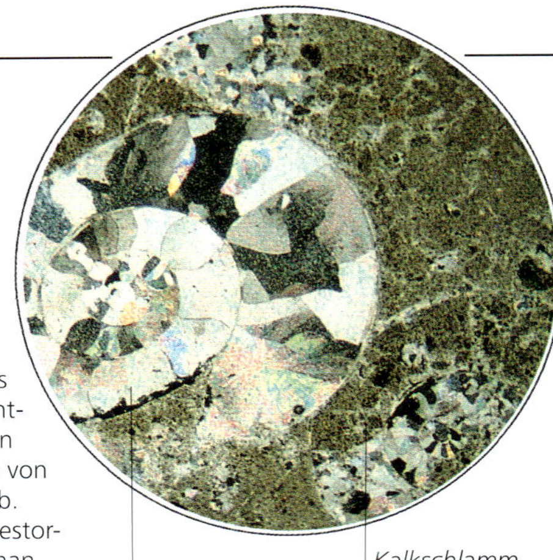

DÜNNSCHLIFF EINES KALKSTEINS
Unter dem Mikroskop werden feine Details dieses Ammoniten-Kalksteins sichtbar. Die Ammonitenschalen (S. 38) heben sich deutlich von der Kalkschlamm-Matrix ab. Anhand dieser heute ausgestorbenen Ammoniten kann man erkennen, dass das Gestein etwa 160 Mio. Jahre alt ist.

Im Gestein eingebettete Schalenreste

Schalenhaltiger Kalk

Kreide

Oolithenkalk

Kugelige Körner, die als Oolithen bekannt sind

Gastropoden-Kalkstein

Reste von Schneckenhäusern

FLINT
Flint (Feuerstein) besteht vorwiegend aus Kieselsäure (S. 42). Er kommt in Form von Knollen in Kalksteinen, insbesondere in Kreide vor. Flintknollen sind grau oder schwarz, ihre Oberfläche ist aber oft von einem pulverig aussehenden, weißen Belag bedeckt. Wie Obsidian (S. 16) hat Flint einen muscheligen Bruch.

KALKSTEIN
Viele Sedimentgesteine setzen sich aus Resten lebender Organismen zusammen. In einigen sind diese Überreste deutlich sichtbar, wie bei diesen Kalksteinen mit Muschelschalen und Schneckenhäusern. Kreide hingegen, auch ein Kalkstein, wird von den Skeletten von Meerestieren gebildet, die so klein waren, dass man sie mit bloßem Auge nicht erkennen kann. Ein anderer Kalkstein, der Oolithenkalk, entsteht im Meer, indem Kalzit sich schalenförmig um Sandkörner anlagert. Die Kügelchen werden laufend größer, solange sie von den Wellen hin und her bewegt werden.

ALGENKALK
Sogenannte „schlammige" Kalksteine, wie der hier abgebildete, werden im Englischen oft als „Landschaftsmarmor" bezeichnet, weil die Kristallisation der Mineralien Muster hervorruft, die entfernt an Bäume und Büsche erinnern.

Poröses, unregelmäßiges Gestein

KALKTUFF
Dieser ungewöhnlich aussehende, poröse Evaporit entsteht bei der Verdunstung von Quellwasser. Man findet solche Gesteine manchmal in Kalksteinhöhlen (S. 22).

EVAPORITE
Einige Sedimentgesteine entstehen durch Verdunstung von Salzwasser. Beispiele sind der Gips und das besser unter dem Namen Steinsalz bekannte Halit, aus dem Tafelsalz gewonnen wird. Gips wird benutzt, um Mörtel herzustellen. In seiner massiven Gestalt heißt er Alabaster. Gips und Halit sind Mineralien, die weltweit überall da in ausgedehnten Ablagerungen vorkommen, wo Meerwasser verdunstet ist.

Diese Gipskristalle sind wie Gänseblümchenblätter von einem zentralen Punkt aus gewachsen.

Gips

Ausgebildete Steinsalzkristalle findet man nicht so oft wie Steinsalz in seiner massiven Form.

Halit

Die rötliche Färbung wird durch Unreinheiten im Salz hervorgerufen.

GRAND CANYON (USA)
Diese spektakuläre Landschaft entstand durch Fließwassererosion in rotem Sand und Kalkstein.

Grobsandstein

Roter Sandstein

SANDSTEIN
Obwohl beide Gesteine aus miteinander verkitteten Sandkörnern bestehen, ist ihr Gefüge unterschiedlich. Der rote Sandstein entstand in einer Wüste, wo der Wind die Quarzkörner rundete und polierte. Die Körner im Grobsandstein sind eckiger, weil sie schnell zugeschüttet wurden, bevor sie durch Aneinanderreiben gerundet werden konnten.

TON
Ton besteht aus sehr feinen Körnern, die man mit bloßem Auge nicht erkennen kann. Er fühlt sich in nassem Zustand klebrig an und kann grau, schwarz, weiß oder gelblich gefärbt sein. Wird das darin enthaltene Wasser herausgepresst, bildet sich durch Kompaktion Tonschiefer.

GESCHICHTETE VULKANISCHE ASCHE
In vielen Sedimentgesteinen lassen sich die einzelnen Sedimentlagen als sichtbare Bänder unterscheiden. Hier sind es Lagen vulkanischer Asche. Die Oberfläche wurde poliert, um dieses Merkmal hervorzuheben.

Flintkiesel

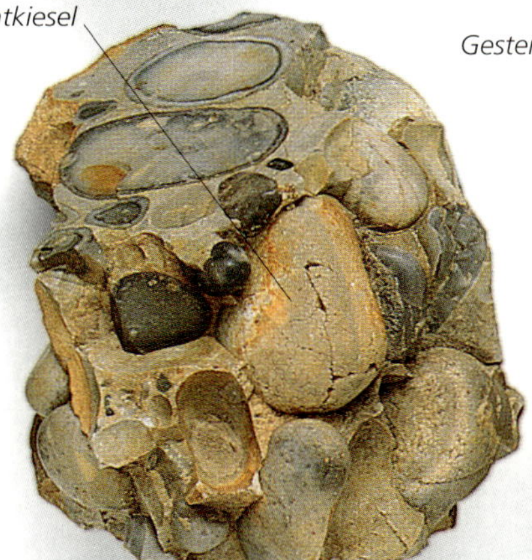

KONGLOMERATE
Die Flintkiesel in diesem Gestein wurden vom Wasser rund geschliffen, indem sie am Grund eines Flusses oder Meeres umhergerollt wurden. Nachdem anderes Material sich darüber abgelagert hatte, verfestigten sie sich zu einem Konglomerat.

Große Gesteinsfragmente

BREKZIEN
Wie die Konglomerate enthalten die Brekzien Gesteinsbrocken. Diese sind aber unregelmäßig und kantig, da sie nicht durch Wasser gerundet oder von ihrem Ursprungsort, oft die Geröllhalde am Fuß einer Klippe, wegtransportiert worden sind.

Kalkstein-höhlen

Eindrucksvolle Höhlen mit tropfenden Stalaktiten und riesigen Stalagmiten sind wohl die bekanntesten Naturwunder, die Kalkstein hervorbringt. Die Höhlen entstehen durch die allmähliche Lösung des Kalziumkarbonats (Kalzit oder Kalk) aus dem Sedimentgestein durch das leicht saure Regenwasser. Charakteristische Erscheinungen wie Karrenfelder und Karstlandschaften haben die gleiche Ursache.

Ein einzelner, aus zwei kleineren zusammengewachsener Stalaktit

STALAKTITEN
Stalaktiten entstehen durch von der Höhlendecke tropfendes Grundwasser, das den in Lösung enthaltenen Kalk bei seiner Verdunstung als dünne Ablagerung hinterlässt. Von der Decke abwärts wachsen sie jedes Jahr um wenige Millimeter und können mehrere Meter lang werden. Wo die Wasserzufuhr saisonbedingt schwankt, können die Stalaktiten ähnlich wie Baumstämme jährliche Wachstumsringe aufweisen.

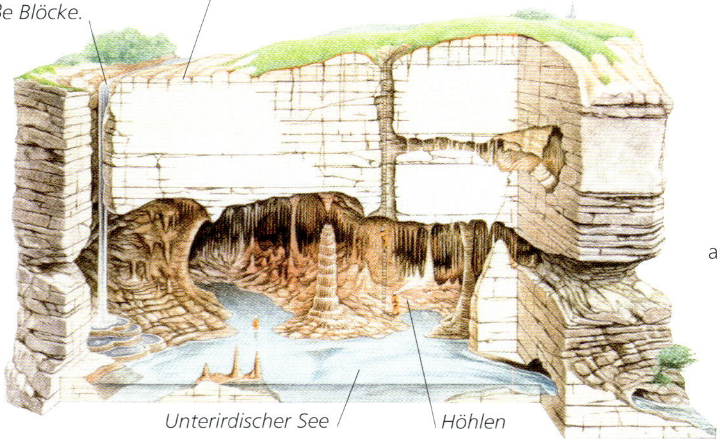

KALKSTEIN-LANDSCHAFT *oben*
Das Regenwasser löst Kalzit aus dem Kalkstein, sodass tiefe Spalten entstehen. Mit der Zeit erweitert sie das Sickerwasser mehr und mehr. An der Oberfläche entstehen durch Lösungsprozesse schüssel- und trichterförmige Vertiefungen (Dolinen), durch die das Wasser schnell versickert, wobei die Oberfläche trocken bleibt. Das Sickerwasser bildet unter der Erde Wasserläufe, die durch Höhlen fließen, und Seen. Ein Teil des Kalzits lagert sich in Form von Stalaktiten und Stalagmiten in den Höhlen wieder ab.

PLAN DES SALES (FRANKREICH)
Karrenfelder bestehen aus großen, von Rinnen („Karren") durchzogenen Kalkplatten. Sie treten dort auf, wo die Verwitterung keine nicht löslichen, Boden bildenden Rückstände hinterlässt.

KALKTUFF
Kalktuff wird in Gebieten mit geringen Regenfällen an Gesteinsoberflächen aus dem Wasser gefällt. Auch künstlich hergestellte Gegenstände können von Tuff überzogen werden.

EASE GILL CAVES (ENGLAND)
Die feinen Stalaktiten und Stalagmiten in dieser Tropfsteinhöhle bilden den schönsten Teil eines viel größeren, komplexen Höhlensystems unter den Hügeln des Penninischen Gebirges. Die Ease Gill Caves sind das ausgedehnteste Höhlensystem Großbritanniens.

Sonderbar geformter Stalaktit

Deutlich hervortretende Wachstumsringe markieren die Entwicklung des Stalaktiten.

„STEINERNER WALD" (CHINA)
Dieses zerklüftete Gebiet in der Provinz Hunan ist eine typische Karstlandschaft. Karst heißt ein Gebiet in der Slowakei, nach dem viele ähnliche Landschaften benannt wurden, u. a. das Cumberland-Plateau in den USA, Teile der Blue Mountains in Australien und die Causses in Frankreich.

PAMUKKALE-SINTERTERRASSEN (TÜRKEI)
Die schönen Travertinterrassen sind durch Ausfällung von Kalzit aus dem heißen Quellwasser eines Kalksteingebiets entstanden. Der Travertin wird abgebaut und als dekorativer Baustein verwendet.

Hier treffen die fallenden Tropfen auf.

Orangefarbener Doppelstalaktit

Letzter Wachstumsabschnitt

Der Fuß ist am Boden der Höhle angewachsen.

STALAGMITEN
Stalagmiten entstehen am Boden von Höhlen, wo Wassertropfen vom Gewölbe oder von einem Stalaktiten herunterfallen. Wie die Stalaktiten entwickeln sie sich aus kalkhaltigem Wasser, das verdunstet. Stalaktiten und Stalagmiten können zusammenwachsen und Säulen bilden, die oft als „Orgelpfeifen", „hängende Vorhänge" usw. bezeichnet werden.

Schicht aus relativ reinem Kalzit

Die Färbung wird durch Unreinheiten in den Ablagerungen hervorgerufen.

IM INNEREN EINES STALAKTITEN
Dieser Schnitt durch einen Stalaktiten zeigt, dass er aus den verschieden gefärbten Schichten besteht. Die Farben veranschaulichen, wie der Stalaktit durch Ablagerungen von Kalk unterschiedlicher Reinheit entstand. Die weißen Schichten sind die reinsten.

Glimmerschiefer

Metamorphe Gesteine

Die Bezeichnung dieser Gesteine leitet sich von den griechischen Wörtern *meta* und *morphe* ab, was so viel wie „Änderung der Form", „Umwandlung" bedeutet. Es sind magmatische oder Sedimentgesteine, die durch Hitze und/oder Druck umgewandelt worden sind. Solche Bedingungen können bei Gebirgsbildungen auftreten. In die Tiefe versenkte Gesteine werden dabei hohen Temperaturen ausgesetzt und gequetscht oder gefaltet, was zur Umkristallisation im Gestein, also zur Entstehung neuer Mineralien führt. Andere Metamorphite entstehen, wenn Gesteine in der Umgebung einer magmatischen Intrusion durch die Hitze „gebacken" werden.

GRANIT-GLIMMERSCHIEFER IM DÜNNSCHLIFF
Im Polarisationsmikroskop sind in diesem Gestein aus Norwegen bunte, blättrige Glimmerschieferkristalle zu erkennen. Quarz und Feldspat erscheinen in unterschiedlichen Grauschattierungen, Granat dagegen schwarz.

Zuckerkörniger Marmor

Die regelmäßige Körnung verleiht dem Stück ein zuckerähnliches Aussehen.

MARMOR
Wenn Kalkstein hohen Temperaturen ausgesetzt wird, entstehen neue Kalzitkristalle, die ein kompaktes Gestein bilden, den bekannten Marmor. Er wird manchmal mit dem ähnlich aussehenden Quarzit verwechselt. Marmor ist jedoch weicher und kann leicht mit einem Messer geritzt werden. Die Struktur manchen mittelgroben Marmors wird wegen seines Aussehens als „zuckerkörnig" bezeichnet. Dieses Stück stammt aus Korea. Die beiden rechts abgebildeten Marmorarten sind aus unreinem Kalkstein entstanden. Sie enthalten Beimengungen wie z. B. Pyroxen.

Grauer Knollenmarmor

Unreiner Marmor

Grafitkristalle

Fleckschiefer

Chiastolithschiefer

Längliche Chiastolithkristalle

Gefleckter Hornfels

VOM SCHIEFER ZUM HORNFELS
Die unregelmäßigen Fleckchen im Fleckschiefer sind kleine Kohlenstoffaggregate, die durch die Hitzeeinwirkung einer magmatischen Intrusion entstanden sind. In größerer Nähe zum Magma steigt die Temperatur beträchtlich an und es bilden sich im Schiefer nadelförmige Chiastolithkristalle. Die Gesteine werden in unmittelbarer Nähe zum Magma so heiß, dass sie völlig umgewandelt werden. Es entsteht Hornfels.

Granat-Muskovit-Chloritschiefer

Rote Granate

Blaue, blattförmige Disthene

Disthen-Staurolith-Schiefer

Schiefersteinbruch im 19. Jh.

SCHIEFER
Bei Gebirgsbildungsprozessen wird Tonschiefer so stark beansprucht, dass die schuppigen Glimmerkristalle quer zur Druckrichtung rekristallisieren. Der so entstandene Schiefer lässt sich leicht in dünne Blätter spalten.

GLIMMERSCHIEFER
Die Glimmerschiefer sind eine bedeutende Gruppe metamorpher Gesteine. Diese mittelkörnigen Gesteine entstehen aus tonigen Gesteinen unter höheren Temperaturen als Schiefer. Der hier gezeigte Granat-Muskovit-Chloritschiefer muss mindestens auf 500 °C erhitzt worden sein, da Granat erst oberhalb dieser Temperatur kristallisiert. Disthen-Staurolith-Schiefer entsteht unter hohem Druck 10–15 km unter der Erdoberfläche.

Kristalle einer grünen Pyroxenvarietät

Rote Granatkristalle

Schwarze Biotitkristalle

Blaue Disthenkristalle

Biotit-Disthen-Gneis

Helle Lagen aus Quarz und Feldspat

Dunkle Lagen aus Biotit

Gebänderter Gneis

EKLOGIT
Dieses Gestein entsteht unter extrem hohem Druck und ist außergewöhnlich schwer und hart. Man nimmt an, dass es sich im Mantel bildet, und zwar beträchtlich tiefer als die meisten anderen Gesteine. Eklogit besteht hauptsächlich aus Pyroxen und kleinen roten Granatkristallen.

GNEIS
Bei hohen Temperaturen und großem Druck können sowohl aus magmatischen wie aus sedimentären Gesteinen durch Metamorphose Gneise entstehen. Grobkörniger als Schiefer, sind sie oft leicht daran zu erkennen, dass die verschiedenen Mineralien getrennte Lagen bilden. Diese können auch unregelmäßig (unter Druck) gefaltet sein.

MIGMATIT
Unter sehr großer Hitze können Teile des Gesteins anfangen zu schmelzen und bilden dabei wirbelförmige Muster. Dies ist oft in Migmatiten zu sehen, die nicht aus einem einzelnen Gestein bestehen, sondern aus der Mischung eines dunklen Primärgesteins mit einer helleren granitischen Masse. Dieses Handstück stammt aus dem schottischen Hochland.

Dunkles Primärgestein

Rosafarbenes, granitisches Gestein

Marmor

Streng genommen ist Marmor ein metamorph umgewandelter Kalkstein. In der Stein verarbeitenden Industrie wird der Begriff „Marmor" aber auch für eine Vielzahl anderer Gesteine verwendet. Sie werden aufgrund ihrer unterschiedlichen Struktur, aber auch weil sie leicht zu schneiden und zu polieren sind, sehr geschätzt. Marmor wurde oft von Bildhauern benutzt, vor allem im antiken Griechenland. Bei den Römern spielte er als Baustein eine wichtige Rolle.

ROHMARMOR
Dieser unbearbeitete, grobkristalline Mijas-Marmor stammt aus Malaga (Spanien). Betrachtet man einen solchen nicht geschliffenen und polierten Stein, ist es schwierig, sich vorzustellen, welche Muster darauf später zum Vorschein kommen.

DIE MADONNA VON MEDICI
Michelangelo schuf diese Statue um 1530 aus Carrara-Marmor.

GRIECHISCHER MARMOR
Ursprünglich kam der gestreifte Cipollino-Marmor von der griechischen Insel Euböa, heute wird er in der Schweiz, auf Elba und in Vermont (USA) abgebaut. Er wurde zum Bau der berühmten Hagia Sophia in Istanbul (Türkei) verwendet.

DIE CARRARA-STEINBRÜCHE
Der berühmteste Marmor der Welt kommt aus den Carrara-Brüchen in der Toskana.

EINE ITALIENISCHE SPEZIALITÄT
Dieser graue Bardiglio-Marmor kommt aus Carrara, einer Gegend, die für ihre Marmorsteinbrüche sehr berühmt ist.

ITALIENISCHE ELEGANZ
Ein auffälliger Marmor, ebenfalls aus Italien, ist diese schwarz-goldene Variante aus Ligurien.

DER STOLZ DER TOSKANA
Wegen ihrer interessanten Struktur wurde die italienische Marmorsorte „Breccia Violetto“ 1875 beim Bau der Pariser Oper verwendet.

SÜDAFRIKANISCHE WIRBEL
Dieser polierte Travertin, eine Form von Kalktuff (S. 21, 23), hat schöne strudelförmige Muster. Er kommt aus der Kapprovinz in Südafrika.

DAS TADSCH MAHAL
Indiens bekanntestes Bauwerk ist aus verschiedenen Marmorsorten gebaut.

Detail einer Marmoreinlegearbeit vom Tadsch Mahal

SCHÖNHEIT AUS DER SCHWEIZ
Diese als Macchiavecchia bekannte Kalksteinbrekzie wird in Mendrisio (Schweiz) abgebaut.

„AFRIKANISCHER KUPFER“
Die lebhafte Färbung dieses grünen Marmors wird durch Kupfer hervorgerufen. Er kommt aus Swasiland.

MARMOR AUS ALGERIEN
„Breche Sanguine“ oder „Red African“ ist eine rote Brekzie (S. 21) aus Algerien. Die Römer haben diese Marmorsorte für das Pantheon in Rom verwendet.

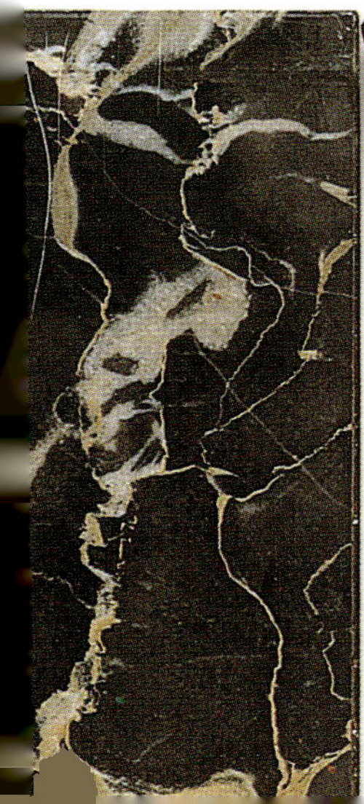

Feuerstein

Feuerstein hat einen muscheligen Bruch, bildet scharfe Kanten und ist relativ weitverbreitet. Aus diesen Gründen wurde er von den Menschen der Steinzeit zur Herstellung scharfer Werkzeuge benutzt. Es begann mit groben Faustkeilen, aber nach und nach entwickelten sich daraus verfeinerte Waffen und Werkzeuge wie Schaber und Messer.

Rohe Feuersteinknolle aus Kreidegestein

Ein Lederriemen verbindet Klinge und Fassung mit dem Griff.

WERKZEUGE AUS FEUERSTEIN
Feuersteinwerkzeuge wurden durch Abschlagen von Splittern aus einer Knolle herausgearbeitet. Der verbleibende Kern wurde schrittweise exakter und feiner geformt.

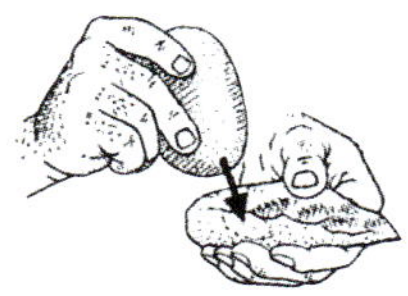

STEIN AUF STEIN
Der Feuerstein wurde mit einem zweiten Stein, einem Hammerstein, behauen. Die abgeschlagenen Splitter hinterließen scharfe, schartige Kanten.

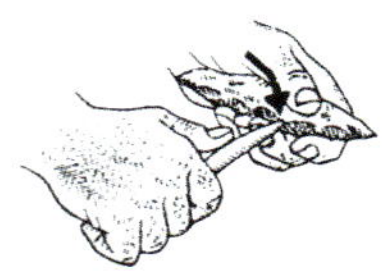

ABSCHUPPUNG DURCH DRUCK
Scharfe Schnittkanten und feinere Klingen ließen sich durch Druck mit einem spitzen Gegenstand, z. B. aus Horn, herstellen.

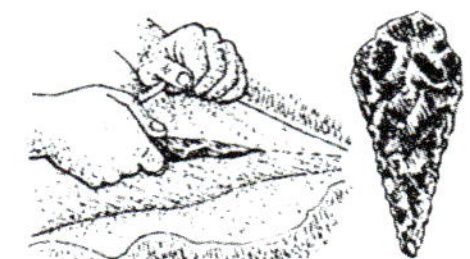

Scharfkantiges Werkzeug zur Enthäuten und Schneiden

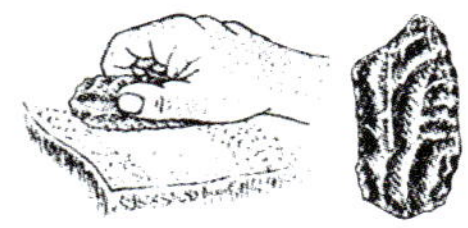

Solche Schaber wurden in der Jungsteinzeit zur Herstellung von Kleidung aus Tierfellen verwendet.

Feuersteinabschläge

Schneide

Hellfarbiger Faustkeil

Früher, primitiver Schaber

Grobe Schnittkante

Großer, scharfkantiger Faustkeil

Scharfe Schnittkante

Kleiner, angeschärfter Faustkeil

Steinzeitmenschen bei der Arbeit mit Faustkeilen

FAUSTKEILE
Faustkeile wurden während der Altsteinzeit zum Zerschlagen von Knochen, zum Enthäuten erlegter Tiere, zum Bearbeiten von Holz und zum Schneiden benutzt. Diese beiden gut geformten dunklen Faustkeile sind 70 000–300 000 Jahre alt. Der hellere Faustkeil stammt aus der Zeit zwischen 70 000 und 35 000 v. Chr.

Querbeil aus der Mittelsteinzeit

Fassung aus Geweihknochen

Der Holzgriff ist eine Nachbildung.

Gestielte Querbeile wurden zum Aushöhlen von Baumstämmen verwendet. Solche Einbäume waren die ersten Boote.

GESTIELTE QUERBEILE
Querbeile sind an ihrer asymmetrischen Schneide zu erkennen, die nicht parallel, sondern quer zum Griff befestigt ist. Diese Stücke stammen aus der Mittelsteinzeit (10 000–4000 v. Chr.).

Direkt in den Griff eingepasstes Querbeil

Asymmetrische Schneide aus Feuerstein

Holzgriff (moderne Nachbildung)

AXT UND DOLCH AUS DÄNEMARK
Die Form dieser in der Themse in England gefundenen Axt aus der frühen Bronzezeit lässt erkennen, dass sie von außerhalb eingeführt wurde. Diese Tatsache und die sorgfältige Polierung der Schneide deuten darauf hin, dass es sich um ein wertvolles Objekt handelte. Das gilt auch für den frühbronzezeitlichen Feuersteindolch (2300–1200 v. Chr.)

Axt

Feuersteindolch

PFEILSPITZEN
Pfeil und Bogen waren schon in der Mittelsteinzeit erfunden worden. Sie wurden auch in der Jungsteinzeit benutzt. Man verwendete blattförmige Pfeilspitzen. Für die folgende Glockenbecher-Kultur (2750–1800 v. Chr.) sind Pfeilspitzen mit Widerhaken charakteristisch. Es war eine Zeit des Wandels, in der die Metallverarbeitung begann.

Blattförmige Pfeilspitzen aus der Jungsteinzeit

Pfeilspitzen der Glockenbecher-Kultur

SICHEL
Feuersteinsicheln lassen auf den Anbau von Getreide schließen. Die lange, leicht gekrümmte Klinge diente zum Mähen bei der Ernte. Manche Sichelschneiden haben durch häufigen Gebrauch eine Art Glanz angenommen. Diese in einen nachgebildeten Holzgriff eingepasste Sichel stammt aus der Jungsteinzeit (4000–2300 v. Chr.)

Mexikanische Obsidianaxt (9. Jh.)

Speerspitze mit Obsidianklinge von den Admiralitätsinseln vor Papua-Neuguinea

OBSIDIAN
Aus Obsidian, der wie Feuerstein scharfe Bruchkanten bildet, wurden ebenfalls schon früh Werkzeuge hergestellt. Man kennt auch primitive Spiegel aus Obsidian.

FEUERSTEINDOLCHE
Diese beiden Dolche wurden ebenfalls von Glockenbecher-Menschen angefertigt. Ihre Seltenheit und die Sorgfalt ihrer Bearbeitung lassen vermuten, dass sie eher Statussymbole als Gebrauchswaffen waren.

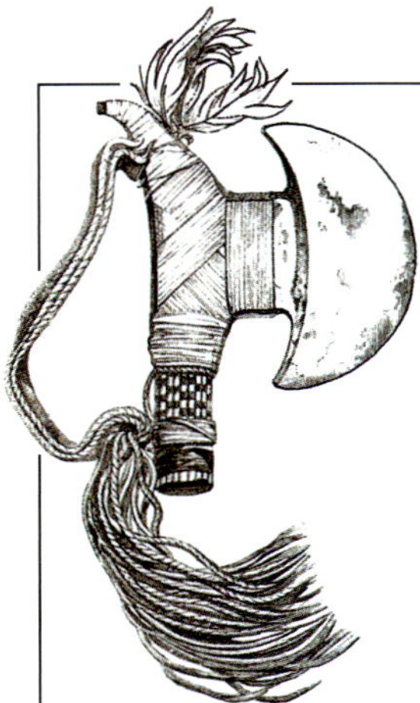

Brasilianische Steinaxt

Werkzeug aus Stein

Feuerstein war nicht das einzige Gestein, das die Menschen sich zunutze machten. Archäologen haben zahlreiche steinerne Gebrauchsgegenstände aus vielen verschiedenen Kulturen rund um die Erde gefunden. Einige dienten als Waffen, andere als Geräte für den Ackerbau oder den Haushalt. Zu den Letzteren gehören Mörser, diverse Vorratsbehälter und sogar Schminkpaletten. Viele Waffen scheinen nicht als solche benutzt worden zu sein, sondern als reine Statussymbole.

Jungsteinzeitliche Axt mit sorgfältig polierter Oberfläche

Jungsteinzeitliche Axt aus Diorit (einem Tiefengestein)

Jungsteinzeitliche Axt aus rhyolithischem Tuff (einem vulkanischen Gestein)

STEINÄXTE
Diese Steinäxte stammen aus der Jungsteinzeit (4000–2300 v. Chr.). Sie wurden in England gefunden. Sie sind sorgfältig poliert und widerstandsfähiger als die Äxte aus grob bearbeitetem Feuerstein. Sie müssen auf dem Handelsweg nach England gelangt sein, denn das betreffende Gestein kommt nur mehrere Hundert Kilometer vom Fundort entfernt vor.

Keil zum Festsetzen des Steins

Durchbohrtes Quarzitstück

Der Stock ist eine Nachbildung.

Angespitztes Ende zum Graben in hartem Boden

GRABSTOCK MIT GEWICHT
Durchbohrte Steine wie dieses Quarzitstück dienten manchmal als Gewichte an Grabstöcken. In der Mittel- und Jungsteinzeit benutzten die Menschen solche zugespitzten Stöcke zur Bodenbearbeitung.

Vor der Aussaat wird der Boden mit dem Grabstock aufgelockert.

STREITÄXTE
Diese durchbohrten Äxte stammen aus der frühen Bronzezeit (2300–1200 v. Chr.). Die beiden oberen könnten als Waffen gedient haben, die untere hingegen ist eine Art „Hammerbeil“, bei dem ein Ende als Axt, das andere als Hammer ausgebildet ist.

Steinaxt aus Diorit (Seitenansicht)

Streitaxt (von oben gesehen)

„Hammerbeil“ aus Granit

Hammerseite

Axtseite

Dieser Hammer der Haida-Indianer aus poliertem Stein diente als Kriegswaffe oder Zeremonienstab.

Südafrikanischer Grabstock mit Hornspitze und Steingewicht

WETZSTEINE
Gerätschaften aus Bronze wurden geschärft, indem die Schneide an länglichen Steinen gewetzt wurde. Oft hatten solche Wetzsteine ein Loch und wurden mit einem Band am Hals oder am Gürtel getragen. Diese stammen aus der Bronzezeit (2300–700 v. Chr.).

Dieser Speckstein mit Ritzzeichnung wurde von den Schmieden der Wikinger zur Herstellung von Waffen und Werkzeugen aus Metall benutzt.

Mörser der Haida-Indianer in Vogelform

SCHMINKPALETTE AUS MARMOR
Zu den römischen Kosmetika gehörten Kreide und pulverisiertes Blei zum Aufhellen des Gesichts und der Arme, roter Ocker für Lippen und Wangen und Ruß zum Nachziehen der Augenbrauen. Mithilfe von feinen, löffelähnlichen Spateln wurden kleine Mengen der Schminke auf Steinplatten mit Wasser und eventuell noch mit Harz versetzt.

SPINNWIRTEL AUS STEIN
Die Römer benutzten Steine auch als Spinnwirtel. Ein Ende der zu spinnenden Woll- oder Baumwollfasern wurde oben an der Spindel befestigt, die aus Holz oder Knochen gefertigt und mit dem Wirtel beschwert war. Durch Gewicht und Drehschwung der am Faden hängenden Spindel wurde dieser gezwirnt und um die Spindel gewickelt.

RÖMISCHE HANDMÜHLE
Während der Römerzeit fanden solche tragbaren Handmühlen im Haushalt Verwendung. Sie bestanden aus zwei Steinen, von denen der untere in den Boden eingelassen oder auf einer Bank befestigt war, während der auf einer Achse oder einem Zapfen montierte Mahlstein mit der Hand gedreht wurde. Das Getreide wurde in das Loch des Mahlsteins geschüttet und durch die Drehbewegung zwischen die Reibeflächen gedrückt.

Vermahlen des Korns mit einer Handmühle aus Stein während der Eisenzeit

Mahl-fertiges Getreide

Farbstoff aus Stein

Als die Menschen begannen ihren Körper und ihre Wohnstätten zu bemalen, brauchten sie nicht lange nach Farbstoffen zu suchen. Sie stellten eine Vielzahl von Malfarben her, indem sie Gesteine ihrer Umgebung zermahlten und das Pulver mit tierischen Fetten vermischten. Im Lauf der Jahrhunderte wurden auf expandierenden Handelswegen neue Farben eingeführt. Heute werden die Töne, für die man giftige Pigmente benutzen müsste, synthetisch hergestellt.

Brauner Ton

Pulverisierter brauner Ton

Grüner Ton

Pulverisierter grüner Ton

FARBTÖNE AUS ERDEN
Die Maler der Frühzeit machten ausgiebig Gebrauch von Tonerden. Diese waren weitverbreitet und aufgrund ihres feinen Korns leicht zu pulverisieren. Sie ergeben Grün- und Brauntöne.

Ocker

Umbra

FARBSCHATTIERUNGEN EINES MINERALS
Viele Mineralien haben eine spezifische Farbe, die eine nützliche Bestimmungshilfe darstellt. Einige Mineralien aber besitzen eine Vielfalt an Farbvarianten. Turmalin (S. 55) beispielweise kommt in Form schwarzer, brauner, rosafarbener, grüner und blauer Kristalle vor.

WEISSE FARBNUANCEN
Der erste weiße Farbstoff war Kreide (S. 20). Mancherorts benutzte man stattdessen Kaolin (Porzellanerde).

Pulverisierte Kreide

HÖHLENMALEREI
Die ältesten uns bekannten Kunstwerke sind Höhlenbilder. Als Farbstoffe dienten Ton, Kreide und andere Erden sowie verkohltes Holz.

Kreideweiß

Bison aus der Grotte de Niaux (Frankreich, um 20 000 v. Chr.)

FARBSCHLÜSSEL
Eine nützliche Hilfe zur Mineralbestimmung ist die Strichfarbe, die sich zeigt, wenn ein Mineral fein zerrieben wird. Am einfachsten ist dies zu erreichen, indem die Probe sanft über eine unglasierte, weiße Porzellanplatte gezogen wird. Viele Mineralien haben eine bestimmte Strichfarbe, die der Farbe des Minerals entsprechen kann, aber nicht muss. Andere hinterlassen keinen sichtbaren Strich.

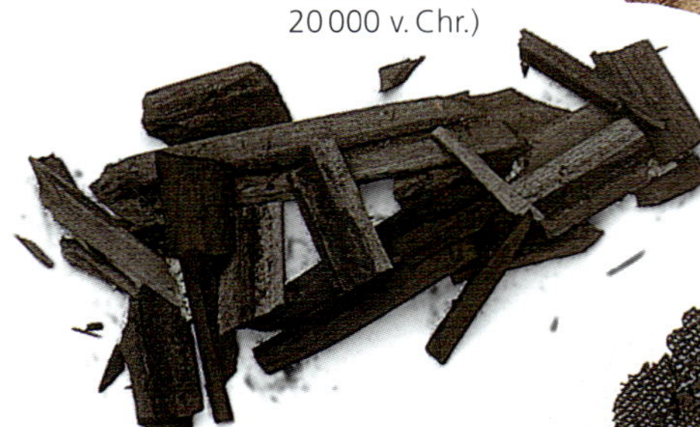

Pulverisierte Holzkohle

Lampenruß-Schwarz

SCHWARZ WIE KOHLE
Holzkohle, die heute immer noch bei Malern beliebt ist, war schon den Höhlenmalern vertraut. Das verglühte Holz ihrer Lagerfeuer sorgte für reichlich Nachschub.

Pulverisierter Hämatit

Rote Farbe

FARBE FÜR DIE HAUT
Die erdige Abart Hämatits (Rötel) ergibt einen satten rotbraunen Farbton. Sehr fein gepulverter Hämatit diente auch als Make-up oder feines Poliermittel (bei Juwelieren als „Blutstein" bekannt).

Pulverisierter Realgar

Arsenorange

ÄGYPTISCH ORANGE
Die Ägypter waren die Ersten, die um 1500 v. Chr. Realgar, eine Arsenverbindung in Ablagerungen heißer Quellen, pulverisierten, um Farbstoff herzustellen. Die Maler des Mittelalters verwendeten stattdessen Zinnober.

Pulverisierter Malachit

Malachitgrün

LEUCHTENDES GRÜN
Malachit ist eine Kupferverbindung, die ein kräftiges, euchtendes Grün ergibt. Es wurde zum ersten Mal während der Bronzezeit in Ägypten verwendet.

Pulverisiertes Auripigment

Auripigmentgelb (Rauschgelb)

FALSCHES GOLD
Auripigment, eine Arsenverbindung, wurde von den Malern des Mittelalters zur Gewinnung vieler Farben benutzt. Sie verwendeten es auch, um Gold zu imitieren. Seine Ähnlichkeit mit Gold hielt die Alchimisten zum Narren, die immer wieder versuchten, das edle Metall daraus zu extrahieren.

Pulverisierter Lapislazuli

Ultramarinfarbe

KOSTBARES BLAU
Die Verfeinerung von Lapislazulipulver (S. 52) zu einem satten Ultramarin gelang zuerst in Persien.

Pulverisierter Azurit

Azuritblau

LASSISCHES BLAU
zurit war n bedeutender auer Farbstoff n klassischen Alterm. Dieser Brocken ist sgesprochen erdig und gäbe ein feines, ehemals ochgeschätztes Pigment.

Pulverisierter Zinnober

Zinnoberrot

NATÜRLICHES ZINNOBERROT
Das leuchtende Rot von Zinnober (Quecksilbersulfid) fand schon im vorgeschichtlichen China Verwendung, war aber erst im Mittelalter häufiger in Gebrauch.

LEUCHTENDE FARBEN
Gegen Ende des 13. Jh. waren Ultramarin und Zinnoberrot allgemein bekannt. Auch in diesem Gemälde von Duccio wurden sie verwendet.

Bausteine

Die meisten der eindrucksvollen historischen Monumente, die Tempel und Paläste, haben die Zeiten nur deshalb überdauert, weil sie aus widerstandsfähigen Natursteinen gebaut sind. Heute werden Naturbausteine wie etwa Marmor nur noch zur Verkleidung der Gebäude benutzt, während man den Rohbau aus Fabriksteinen erstellt, die leichter zerfallen und verwittern.

Noch im frühen 19. Jh. wurde die Arbeit in den Steinbrüchen fast ausschließlich von Hand geleistet.

NUMMULITENKALK
Dieser Kalkstein, der mit zu den berühmtesten gehört, wird aus Steinbrüchen in der Nähe von Kairo (Ägypten) gewonnen. Er enthält viele kleine Fossilien und ist ungefähr 40 Mio. Jahre alt. Aus ihm wurden auch die Pyramiden gebaut.

Die Pyramiden in Ägypten, aus dortigem Kalkstein errichtet

PORTLAND-KALK
Die Oberflächenstruktur dieses englischen Kalksteins wurde durch eine besondere Bearbeitungstechnik erzielt, die im 19. Jh. sehr beliebt war. Portland-Kalk wurde nach dem großen Brand von London 1666 beim Wiederaufbau der St.-Pauls-Kathedrale verwendet.

OOLITHKALK
Dieser Kalkstein, der etwa 160 Mio. Jahre alt ist, wird als Baustein und manchmal zur Herstellung von Zement verwendet.

CHRISTLICHES MOSAIK
Aus kleineren Stücken örtlicher Gesteinsvorkommen wurden häufig sehr kunstvolle Mosaikböden gelegt.

Waliser Schiefer

160 Mio. Jahre alter Kalkstein, der zum Dachdecken verwendet wurde

SCHIEFER
Im Gegensatz zu den meisten anderen Baumaterialien müssen Dachsteine leicht in dünne Schichten, Platten, spaltbar sein. Schiefer (S. 25) ist dafür ideal. Wo er nicht vorkam, mussten die Baumeister eben mit schlechterem heimischem Gestein vorliebnehmen.

NOTRE-DAME
Die berühmte Pariser Kathedrale wurde zwischen 1163 und 1250 mit dem Kalkstein des Pariser Stadtteils St.-Jacques gebaut. Die Pariser Katakomben sind nämlich bemerkenswerterweise ehemalige Steinbrüche.

SANDSTEIN
Er kommt in verschiedenen Farben vor und ist ein hervorragender Baustein. Die französische Stadt Carcassonne ist größtenteils aus Sandstein gebaut.

230 Mio. Jahre alter Sandstein

GRANIT
Granit wird sowohl zur Verblendung als auch, in poliertem Zustand, zur Herstellung von Grabsteinen benutzt. Große Teile St. Petersburgs (Russland) wurden aus importiertem finnischen Granit errichtet.

Roter Sandstein aus Schottland, der als Verblendstein verwendet wird

CHINESISCHE MAUER
Als Bollwerk angelegt, ist sie mit 2400 km Länge das größte Einzelbauwerk der Erde. Das Material, aus dem sie besteht, ändert sich von Landstrich zu Landstrich. Backstein (Ton) wurde ebenso eingesetzt wie Granit oder anderes Gestein der jeweiligen Gegend.

Steinersatz

Der Mensch ist heute in der Lage, Bausteinersatz wie Backstein und Ziegel, Zement, Beton und Glas herzustellen. All diese Materialien haben ihren Ursprung in natürlichen Gesteinen.

DACHZIEGEL
In vielen Gegenden der Welt werden Dachziegel aus Ton geformt und gebrannt.

EMPIRE STATE BUILDING
Zu seiner Errichtung wurden Granit und Sandstein, aber auch Backsteine und Zement verwendet.

Rauer, sandfarbener Backstein

Glatter, roter Backstein

BACKSTEINE
Tone, die leicht formbar sind, werden zu Backsteinen gebrannt. Aus der unterschiedlichen Zusammensetzung der Tone ergeben sich Backsteine verschiedener Farbe und Festigkeit.

ZEMENT
Zement wird durch Zermahlen und Erhitzen eines Kalksteins hergestellt. Gemischt mit Sand, Kies und Wasser wird aus ihm Beton, das heute wohl gebräuchlichste Baumaterial.

Wie Kohle entsteht

Die Kohle, die wir heute verbrennen, ist Millionen Jahre alt. Ihre Entstehung begann in den sumpfigen Wäldern, die sich damals über große Teile Europas, Asiens und Nordamerikas erstreckten. Blätter, Samen und abgestorbene Zweige und Stämme, die auf den feuchten Waldboden fielen, zersetzten sich zu einer weichen Masse, die später überlagert wurde. Das Gewicht der darüberliegenden Sedimente presste allmählich das Wasser heraus und verdichtete das Pflanzenmaterial zu einer festen Masse, aus der zunächst Torf und letztendlich Kohle wurde. Je nachdem, wie groß Druck und Hitze waren, ergaben sich unterschiedliche Kohlesorten.

Pflanzenwurzeln

VERSTEINERTES HOLZ
Gagat ist ein hartes, tiefschwarzes Material, das aus abgesunkenen Treibholzstücken entstanden ist, sich gut bearbeiten lässt und seit der Bronzezeit gern für Schmucksachen verwendet wird.

KOHLESCHMUCK
Yorkshire in Nordengland hat große Gagatvorkommen. Diese römischen Anhänger wurden bei York gefunden. Sie sind mit großer Wahrscheinlichkeit aus lokalem Material gefertigt.

ÖLSCHIEFER
Seinen Namen verdankt dieses Sedimentgestein der Tatsache, dass aus ihm Öl gewonnen wird. Es enthält Bitumen, das pflanzlichen und tierischen Ursprungs ist. Durch Erhitzen wird es verflüchtigt und anschließend zu Öl kondensiert.

DIE GEBURTSSTÄTTEN DER KOHLE
Die Sümpfe im Karbon-Zeitalter dürften ähnlich wie auf diesem Stich ausgesehen haben.

DAS AUSGANGSMATERIAL DER KOHLE
Damit Kohle entstehen konnte, mussten sich in Gebieten mit geringer Entwässerung Sümpfe und Moore und dicke Lagen aus Pflanzenresten bilden. Das tote Pflanzenmaterial sog sich mit Wasser voll und begann zu verrotten, ohne sich vollständig zersetzen zu können.

DIE TORFSCHICHT
Torf ist eine etwas kompaktere Form des verrottenden Pflanzenmaterials, Wurzeln und Samenkapseln sind z. T. noch zu erkennen. In einigen Gegenden wird Torf gestochen, getrocknet und als Brennmaterial verwendet.

TORFSTECHEN
Noch heute wird nach althergebrachten Verfahren Torf abgebaut wie hier in Irland.

BRAUNKOHLE
Wenn Torf weiter zusammengepresst wird, entsteht die mehr oder weniger bröckelige Braunkohle. Sie enthält noch erkennbare Pflanzenteile. Während Torf ungetrocknet zu 90 % aus Wasser besteht, enthält Braunkohle nur noch etwa 50 % Wasser.

KOHLEFLÖZE
Kohleschichten werden Flöze genannt. Sie liegen zwischen anderen Sedimentlagen wie Sandstein oder Schieferton, die aus Flussablagerungen entstanden sind. Hier handelt es sich um Braunkohleflöze in einem französischen Steinbruch.

„SCHWARZES GOLD"
Durch weitere Druckeinwirkung wird Braunkohle zu Steinkohle. Sie ist hart und spröde und hat einen sehr hohen Kohlenstoffgehalt. Durch einen pulverartigen Anteil, der an Holzkohle erinnert, ist sie leicht schmutzend. Sie kann abwechselnd glänzende und matte Streifen und vereinzelte Pflanzenabdrücke aufweisen.

UNTERTAGEARBEIT
Die Arbeit im Kohlebergwerk war unglaublich schwer und gesundheitsschädlich. Auch Kinder wurden dabei eingesetzt, wie dieser Stich aus dem Jahr 1842 verdeutlicht.

KOHLEFÖRDERUNG
Seit dem Mittelalter wird Kohle abgebaut. Wo dies an der Erdoberfläche geschieht, spricht man vom Tagebau. Die meisten Kohlevorkommen liegen jedoch mehrere Hundert Meter unter der Erdoberfläche oder dem Meeresgrund. Heute werden im Untertagebau größtenteils Maschinen eingesetzt.

DIE HÄRTESTE KOHLE
Anthrazit ist die hochwertigste Kohle. Er ist glänzend und sehr hart, wirkt nicht verschmutzend, enthält mehr Kohlenstoff als alle übrigen Kohlesorten, erzeugt somit viel Hitze und entwickelt kaum Rauch.

Fossilien

Fossilien sind versteinerte Überreste ehemals lebender Organismen. Sie entstehen, wenn Tiere oder Pflanzen ins Sediment gelangen. Im Allgemeinen zersetzen sich die Weichteile recht bald, die Hartteile bleiben aber erhalten. Deshalb bestehen die meisten Fossilien aus den Knochen und Schalen von Tieren oder aus den Blättern und holzigen Teilen von Pflanzen. Bei manchen marinen Fossilien hat sich die ursprüngliche Substanz der Schale aufgelöst und ist durch ein anderes Mineral ersetzt worden oder es ist nur ein Abdruck der Innen- oder Außenseite erhalten geblieben. Fossilien kommen ausschließlich in Sedimentgesteinen vor, insbesondere in kalkigen und tonigen Gesteinen. Viele Fossilien stammen von längst ausgestorbenen Lebewesen, etwa den Dinosauriern, und liefern damit einzigartige Belege für deren Existenz. Fossilien ermöglichen dem Fachmann auch die Altersbestimmung von Gesteinen. Versteinerungen, die nur Spuren von Lebewesen vermitteln, heißen „Spurenfossilien".

Buchenblatt

BLATTABDRUCK
Dieses fossile Blatt hat starke Ähnlichkeit mit dem heutigen Buchenblatt. Obwohl es etwa 40 Mio. Jahre alt ist, sind an ihm viele der ursprünglichen Einzelheiten, z. B. die Blattspreite, auch heute noch zu erkennen.

Magnolienblatt aus dem Miozän

Neuropteris, ein Samenfarn, der uns im Eisenstein überliefert ist

PFLANZENFOSSILIEN
Viele farnartige Fossilien kommen in Kohle führenden Gesteinen des Karbons vor (S. 36). Obwohl es sich nicht um dieselben Arten handelt, sind sie den heutigen Farnen doch verblüffend ähnlich.

Farn aus dem Karbon

Versteinerter Blattwedel eines Farns, der *Asterotheca* heißt

Heutiger Farn

Schnitt durch eine Nautilusschale

Ammoniten

NAUTILUS
Wie bei den Ammoniten ist die Schale auch beim Nautilus in Kammern unterteilt. Durch Regulierung des Gasvolumens in diesen Kammern kann sich das Tier im Wasser vertikal bewegen. Es schwimmt mit dem Kopf nach unten auf dem Rücken.

URALTE VORFAHREN
Dieser Kalkstein ist etwa 200 Mio. Jahre alt. In ihm liegen die Überreste unzähliger Ammoniten. Diese Meereslebewesen mit hartem, spiralförmigem Gehäuse sind ausgestorben. Aufgrund der schnellen Abfolge der Arten und der großen Verbreitung in vielen Meeren sind die Ammoniten zur relativen Altersbestimmung der Gesteine, in denen sie vorkommen, sehr gut geeignet. Ein heute noch vorkommender Verwandter der Ammoniten ist der Nautilus, der im Pazifischen Ozean lebt.

SCHNECKENFRIEDHOF
Dieses Stück Kalkstein enthält die harten, spiralförmigen Schalen mariner Gastropoden (Meeresschnecken). Ihr Alter: etwa 120 Mio. Jahre. Z. T. sind die weißen Schalen abgelöst und wir sehen einen Abdruck der Innenseite.

Abdruck des Schaleninneren (Steinkern)

Gastropodenschale

FOSSILIENJAGD
Das häufige Vorkommen von Fossilien am Strand führte im 19. Jh. dazu, dass Fossiliensammeln zu einem beliebten Zeitvertreib wurde.

Heutige Gartenschnecken

Gestein aus dem All

Jedes Jahr fallen etwa 19 000 Meteoriten von mehr als 100 Gramm Gewicht auf die Erde. Fast alle landen im Meer oder in den Wüsten. Nur etwa fünf werden gefunden. Meteoriten sind Materiestücke aus dem All, die den Fall zur Erdoberfläche überstanden haben. Beim Eintritt in die Erdatmosphäre schmilzt nämlich ihre Oberfläche aufgrund der Reibungshitze und wird abgestreift. Der Kern bleibt kalt. Wenn der Meteorit stark genug abgebremst worden ist, erstarrt die Oberfläche wieder zu einer dünnen, schwärzlichen Schmelzrinde.

Bruchstück eines Meteoriten

Bei der Durchquerung der Atmosphäre entstandene glasige Kruste

Graue innere Masse, hauptsächlich aus den Mineralien Olivin und Pyroxen bestehend

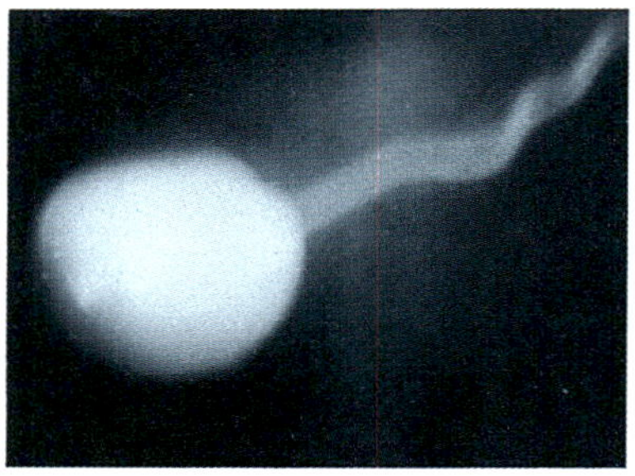

DIE FEUERKUGEL VON PASAMONTE
Diese von einem Landarbeiter in New Mexico (USA) um fünf Uhr morgens fotografierte Feuerkugel traf die Erde im März 1933. Meteoriten werden nach dem Ort benannt, an dem sie niedergegangen sind – in diesem Fall Pasamonte. Die Feuerkugel hatte eine flache Flugbahn von etwa 800 km. Sie brach in der Atmosphäre in Dutzende kleiner Meteoritensteine auseinander.

ZEITGENOSSE DER ERDE
Der Barwell-Meteorit schlug Heiligabend 1965 bei Barwell in Leicestershire (England) ein. Er ist 4,6 Mrd. Jahre alt und entstand zur gleichen Zeit wie die Erde, aber in einem anderen Teil des Sonnensystems. Von zehn Meteoriten sind acht Steinmeteoriten wie der von Barwell, die anderen Metallmeteoriten.

METALLISCHER METEORIT
Der Canyon-Diablo-Meteorit kollidierte vor etwa 20 000 Jahren mit der Erde. Im Gegensatz zum Barwell-Meteoriten ist er ein Eisenmeteorit. Diese sind seltener und bestehen aus einer Legierung von Eisen und Nickel. Sie waren früher Teile eines kleinen Asteroiden (S. 41), die auseinandergebrochen sind. Der größte bekannte Meteorit ist mit ca. 60 t Gewicht der Hoba-Eisenmeteorit aus Namibia. Dieser Meteorit aus dem Canyon-Diablo wurde durchgesägt, poliert und z. T. mit Säure angeätzt, um seine Struktur zu zeigen.

EXPLOSIONSKRATER
Als der Canyon-Diablo-Meteorit im heutigen Arizona (USA) einschlug, barst eine Meteoritenmasse von etwa 15 000 t auseinander. Sie hinterließ ein enormes Loch, den „Meteor-Krater", von etwa 1,2 km Durchmesser und fast 180 m Tiefe. Vom Meteoriten selbst blieben nur geringe Bruchstücke am Kraterrand zurück mit einem Gesamtgewicht von etwa 30 t.

METALL UND STEIN UNTEN
Die Oberfläche dieses abgesägten Stücks des Thiel-Mountain-Meteoriten ist poliert worden, um das in hellem Metall eingeschlossene steinige Material, das aus dem Mineral Olivin besteht, zu zeigen. Der Meteorit wurde in der Antarktis gefunden, wo er, im Eis eingeschlossen, seit 300 000 Jahren lag.

Metall

Olivinhaltiger steiniger Anteil

HALLEYSCHER KOMET
Er ist hier auf dem Bayeux-Wandteppich abgebildet. Von Kometen seiner Art stammen möglicherweise die wasserhaltigen Meteoriten.

WASSERTRÄGER
Der Murchison-Meteorit, der 1969 in Australien einschlug, enthält Kohlenverbindungen und Wasser aus dem All. Man nimmt an, dass der Kern eines Kometen aus diesem Material besteht. Die Kohlenstoffverbindungen sind aufgrund rein chemischer Reaktionen und nicht durch Lebewesen entstanden. Solche Meteoriten sind sehr selten (nur 3 % aller Einschläge).

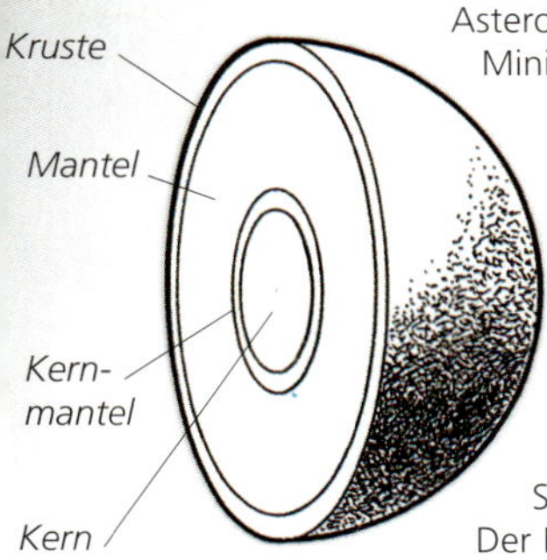

AUFBAU DER ASTEROIDEN
Viele Meteoriten stammen von Asteroiden, die so etwas wie Miniplaneten sind. Sie sind nie Teil eines Planeten gewesen, sondern kreisen in einem Gürtel zwischen Mars und Jupiter um die Sonne. Ihr Inneres setzt sich aus mehreren Bereichen mit unterschiedlichen Substanzen zusammen. Der Kernbereich aus Metall ist die Quelle mancher Eisenmeteoriten wie dem von Canyon Diablo. Der Kernmantelbereich ergibt gemischte Meteoriten wie den von den Thiel Mountains und die Kruste liefert Steinmeteoriten wie den Barwell-Meteoriten.

Gesteine von Mond und Mars

Fünf in der Antarktis gefundene Meteoriten stammen wahrscheinlich vom Mond, da sie lunaren Hochlandgesteinen gleichen, die bei den *Apollo*-Missionen gesammelt wurden. Für acht weitere Meteoriten wird der Planet Mars als Ursprungsort angenommen.

HERKUNFT MARS
Der Nakhla-Steinmeteorit fiel 1911 in Ägypten. Er entstand vor 1,3 Mrd. Jahren, viel später als die meisten Meteoriten, und kommt mit großer Wahrscheinlichkeit vom Mars.

MONDENTDECKUNGEN
Die lunaren Meteoriten bestehen aus dem gleichen Material wie die Felsblöcke des Mondhochlands, auf die *Apollo-17*-Astronaut Harrison H. Schmitt zugeht.

MONDGESTEIN
Die Mondoberfläche ist mit einer Schicht feiner Gesteins- und Mineralfragmente bedeckt – als Folge der andauernden Bombardierung des Mondes mit Meteoriten. Aus ähnlichem Material stammen viele Steinmeteoriten. Hier im Bild das helle Mineral Feldspat und das dunkle Pyroxen.

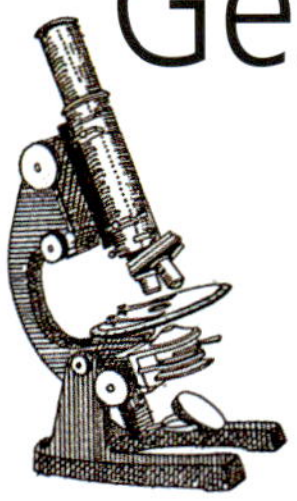

Polarisations-mikroskop

Gesteinsbildende Mineralien

Acht Elemente bilden fast 99 % der Erdkruste. Sie verbinden sich zu natürlich vorkommenden Mineralien. Silikate wie Kieselsäure sind in den meisten Gesteinen enthalten. Den Hauptteil der Erdkruste bestreiten die magmatischen Gesteine. Spezifische gesteinsbildende Mineralgruppen sind für gewisse magmatische Gesteinstypen charakteristisch.

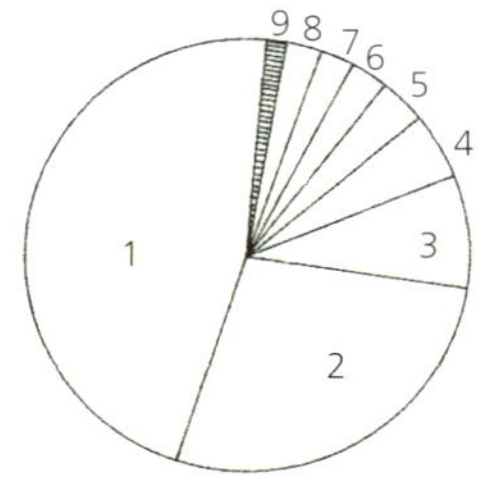

ZUSAMMENSETZUNG DER ERDKRUSTE
Elemente, nach Prozentanteilen am Gewicht geordnet: Sauerstoff (1), Silizium (2), Aluminium (3), Eisen (4), Kalzium (5), Natrium (6), Kalium (7), Magnesium (8) und alle übrigen Elemente (9).

Granitische Gesteine

Sie setzen sich zusammen aus Feldspaten, Quarz, Glimmer und Amphibolen. Die Feldspate sind die am stärksten vertretenen Mineralien überhaupt und kommen in fast allen Gesteinstypen vor.

Einzelner Hornblendekristall

Aggregat schwarzer, prismatischer Kristalle mit Kalzit

Hornblende, ein in magmatischen und metamorphen Gesteinen wie Hornblendeschiefer vorkommender Amphibol

KIESELSÄURE
Kieselsäure tritt u. a. in Form von Quarz, Chalzedon (S. 52) und Opal (S. 51) auf. Quarz gehört zu den am häufigsten vorkommenden Mineralien. Er befindet sich in den magmatischen, sedimentären und metamorphen Gesteinen und ist z. B. typisch für Granit, Quarzit und Gneis.

Quarz (Bergkristall)

KALIFELDSPAT
Orthoklas ist in vielen magmatischen und metamorphen Gesteinen vorhanden, während Mikroklin (die Niedrigtemperaturform von Orthoklas) in Granitpegmatiten gefunden wird.

Blaugrüner Mikroklinkristall (Amazonit)

Rosa Orthoklas-Zwillingskristall

DÜNNSCHLIFF EINES GRANITGESTEINS
Eine polierte Diorit-Lamelle von ca. 0,03 mm Dicke offenbart unter dem Polarisationsmikroskop farbige Amphibole, gleichmäßig graue bis farblose Quarzkristalle und gestreifte, graue Plagioklaskristalle eines Feldspats.

Tremolit (ein in metamorphen Gesteinen vorkommender Amphibol)

Silbrige radialstrahlende, nadelförmige Kristalle

DIE AMPHIBOLGRUPPE
Diese Mineralien sind in den magmatischen und metamorphen Gesteinen weitverbreitet. Sie können leicht von Pyroxen (S. 43) durch den charakteristischen Winkel der Spaltflächen (S. 48) unterschieden werden.

Muskovit (aluminiumreicher Glimmer) ist in Glimmerschiefern und Gneisen stark vertreten.

Silbrig-bräunliche, tafelförmige Kristalle

Biotit ist ein dunkler, eisenreicher Glimmer, der v. a. in magmatischen Gesteinen vorkommt, aber auch in Glimmerschiefern und Gneisen verbreitet ist.

GLIMMER
Es gibt zwei große Glimmergruppen: die dunklen eisen- und magnesiumreichen und die hellen aluminiumreichen Glimmer. Alle sind sehr gut spaltbar (S. 48).

Basische Gesteine

Die hier abgebildeten sieben Mineralien sind oft in basischen Gesteinen wie Basalt und Gabbro vertreten.

Rosa Anorthit (ein Plagioklas mit Augit)

Albit-Zwillingskristalle (auch ein Plagioklas) mit Kalzit

OLIVIN
Dieses Eisen-Magnesium-Silikat ist typisch für kieselsäurearme Gesteine wie Basalt, Gabbro und Peridotit. Es bildet meist kleine Kristalle oder körnige Aggregate. Klare Kristalle werden als Edelsteine geschliffen (Peridot, S. 54).

Grüne Olivinkristalle

Olivinhaltige vulkanische Bombe vom Vesuv (S. 18)

Einzelner Augitkristall

Grünlich schwarze, prismatische Augitkristalle (ein Pyroxen)

DÜNNSCHLIFF EINES BASISCHEN GESTEINS
In diesem Olivinbasalt sind im polarisierten Licht bunte Olivin-, bräunlich gelbe Pyroxen- und fein gestreifte graue Plagioklaskristalle zu sehen.

Nephelin (eine Feldspatart) mit Kalzit

PLAGIOKLAS *oben*
Diese Feldspatgruppe ist eine Mischreihe mit variablem Verhältnis zwischen Natrium und Kalzium. Plagioklas ist ein häufiger Bestandteil der magmatischen Gesteine.

FELDSPATOIDE
Wie der Name schon sagt, sind diese Mineralien mit den Feldspaten verwandt. Sie enthalten aber weniger Kieselsäure und sind daher typisch kieselsäurearme Lavagesteine.

Leucit (ein Feldspat) auf vulkanischem Gestein

Prismatischer Entstatitkristall mit Biotit

PYROXEN
Die meisten Pyroxene sind Kalzium-, Magnesium- und Eisensilikate. Der weitverbreitete Augit ist in solchen magmatischen Gesteinen wie Gabbro und Basalt vertreten. Seltener ist der Enstatit, der in Gabbro, Pyroxenit und manchmal in Peridotit vorkommt.

Sonstige Gesteinsbildungen

Zwei weitere bedeutende Gruppen gesteinsbildender Mineralien sind die Karbonate und die Tonmineralien.

KARBONATE
Sie sind wichtige Bestandteile in manchen Sedimentgesteinen (Kalksteine) und metamorphen Gesteinen (Marmor) sowie in Erzadern. Das am häufigsten anzutreffende Karbonat ist Kalzit, der Hauptbestandteil der Kalksteine.

Dolomit (ein Karbonat), das sedimentäre Ablagerungen bildet

Kaolinit (Porzellanerde), entstanden aus der partiellen Verwandlung von Orthoklas

Montmorillonit

Illit

TONMINERALIEN
Die Tone, die einen großen Teil der sedimentären Gesteinsabfolgen einnehmen, entstehen durch Verwitterung von Aluminiumsilikaten. Zu den Tonmineralien gehören Kaolinit, Montmorillonit und Illit.

Kristalle

Zu allen Zeiten waren die Menschen von der natürlichen Schönheit der Kristalle fasziniert. Jahrhundertelang glaubte man, Bergkristall würde aus Eis bestehen, das zu fest gefroren sei, um je wieder auftauen zu können. Das Wort Kristall ist abgeleitet vom griechischen Wort *kyros* („eiskalt"). Man versteht heute darunter Festkörper mit regelmäßigem geometrischem Aufbau, dem eine entsprechende Anordnung der Atome und Moleküle dieser Körper zugrundeliegt. Bei einem bestimmten Mineral ist die Anordnung der potenziellen Flächen festgelegt, aber Größe und Gestalt des Kristalls sind veränderlich. Viele Kristalle haben eine enorme wirtschaftliche Bedeutung, einige werden sogar als Edelsteine geschliffen (S. 50).

Kristallsuche in den Alpen (um 1870)

„EISGEBILDE"
Schöne Stufen natürlicher Kristalle, so auch diese Bergkristallstufe, sehen aus, als wären sie von Hand geschnitten und poliert. Dieses in der Isère in Frankreich gefundene Exemplar enthält zwei besonders gut entwickelte Zwillingskristalle (S. 45) sowie viele Einzelkristalle. Die Querstreifung einiger Kristallflächen ist typisch für Quarz. Sie entsteht dadurch, dass zwei verschiedene Flächen abwechselnd beginnen sich zu entwickeln.

Kristallsymmetrie

Man teilt die Kristalle entsprechend ihrer Symmetrieelemente in sieben Systeme ein, die unten an Beispielen veranschaulicht werden. Es gibt verschiedene physikalische Methoden die Kristallsymmetrie zu ermitteln. Die Symmetrieklasse der Fundstücke lässt sich in der Praxis oft nur schwer bestimmen, da die Kristalle meist als Aggregate vorkommen und die Flächen nicht voll ausgebildet sind.

WISSENSCHAFTLICHE MESSUNG
Die Konstanz des Winkels zwischen den Kristallflächen eines bestimmten Minerals ist ein nützliches Merkmal für seine Bestimmung. Zur präzisen Messung werden Kontaktgoniometer eingesetzt.

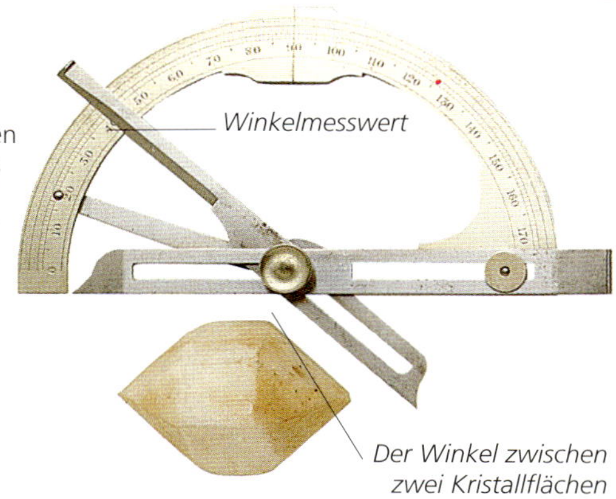

TRIKLIN
Wie dieser keilförmige Axinitkristall aus Brasilien ahnen lässt, weist das trikline System, zu dem auch Plagioklas (S. 43) zählt, die geringste Symmetrie auf.

KUBISCH
Der metallische Pyrit (S. 59) bildet würfelförmige Kristalle. Das kubische System, zu dem auch Granat (S. 55) gehört, bringt aber auch andere Formen wie Tetraeder und Oktaeder hervor. Es weist die höchste Symmetrie auf.

TETRAGONAL
Dieser dunkelgrüne Vesuviankristall aus Sibirien wird mit Zirkon (S. 54) und Wulfenit (S. 9) dem tetragonalen System zugeordnet.

RHOMBISCH
Zu den Mineralien des rhombischen Systems gehören Baryt (aus dem Barium für medizinische Zwecke gewonnen wird), Olivin (S. 42) und Topas (S. 54).

MONOKLIN
Das am häufigsten anzutreffende monokline System umfasst u. a. den hier abgebildeten Gips (S. 21), Azurit (S. 33) und Orthoklas (S. 49).

TRIGOLAN
Auf diesem Sideritkristall sind kleine Sekundärkristalle gewachsen. Quarz (S. 44), Korund (S. 51), Turmalin (S. 55) und Kalzit (S. 22, 48) gehören wie Siderit zum trigonalen System.

HEXAGONAL
Beryll (S. 50), zu dem diese grüne kolumbianische Smaragdvarietät gehört, kristallisiert wie Apatit (S. 49) und auch Eis im hexagonalen System. Nichtsdestoweniger weisen die Schneeflocken unzählige einzigartige Formen auf.

Zwillinge

Kristalle können sich in Hohlräumen von Mineralgängen besonders gut entwickeln. Z. T. wachsen sie so, dass zwei (oder auch mehr) Einzelkristalle sich spiegelbildlich überschneiden. Solche Gebilde werden Zwillinge (verallgemeinert: Mehrlinge) genannt.

BERÜHRUNGSZWILLINGE
Cerussit kristallisiert im rhombischen System. Diese Gruppe von Zwillingen wurde in Namibia gefunden.

DURCHWACHSUNGSZWILLINGE
Staurolith ist ebenfalls ein Mineral des rhombischen Systems. Bei diesem kreuzförmigen Zwillingspaar aus Brasilien scheinen sich die Kristalle zu durchdringen.

Gipszwillingskristalle weisen oft eine typische Pfeilform auf, der sie den Namen „Schwalbenschwanz-Zwillinge" verdanken.

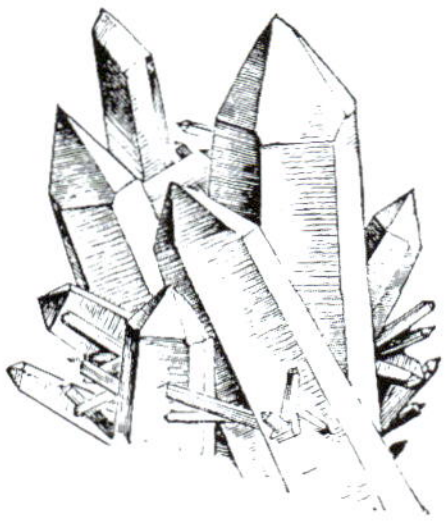

Der Habitus

Kristalle sind sich nie genau gleich, weil auch die Bedingungen, unter denen sie wachsen, nie die gleichen sind. Kristalle brauchen Platz, um zu wachsen, und wo dieser fehlt, treten Verzerrungen und anomale Eigenschaften auf. Kristalle können mikroskopisch klein oder fast metergroß sein. Größe und Form eines Kristalls oder Kristallaggregats bilden seinen „Habitus".

WEISSE „KORALLE"
Der nach der spanischen Provinz Aragon benannte Aragonit kann einen korallenähnlichen Habitus aufweisen, der auch bei anderen Ausfällungsmineralien vorkommt.

RADIALSTRAHLENDE NADELN
Der Habitus dünner länglicher Kristalle wird mit „stängelig" oder sogar „nadelig" beschrieben. Bei diesem Skolezitexemplar sind die grauen nadeligen Kristalle radialstrahlig angeordnet.

METALLISCHE „TRAUBEN"
Kupferkieskristalle (S. 59) wachsen manchmal von einem zentralen Punkt aus und bilden Knollenaggregate. Dieser Habitus wird mit „traubig" bezeichnet.

GLÄNZENDES AGGREGAT *unten rechts*
Der Habitus des Hämatits (S. 33) kann sehr verschieden sein, hier ist er „körnig". Der metallische Lichteffekt an den Kristalloberflächen dieses Aggregats wird als „Metallglanz" bezeichnet.

KRISTALLSÄULEN
„Prismatische" Kristalle sind in einer Richtung viel länger als in den beiden anderen. Dieser Beryllkristall (S. 50) hat sechs rechteckige Prismenflächen und zwei sechseckige Endflächen.

WEICHE FASERN *links*
Tremolit kann fadenartige, extrem biegsame Kristalle bilden. Dieser „faserige" Habitus ist auch kennzeichnend für alle anderen Asbestmineralien.

GESCHICHTETE BLÄTTER
Einige Mineralien, zu denen Glimmer (S. 42) gehört, lassen sich in dünne Folien spalten (S. 48). Dieser Habitus wird als „blättrig" bezeichnet. Mineralien, die Plättchen bilden, sind „tafelig".

GLEICH GROSSE SEITEN
Die Kristalle vieler Mineralien können in allen Richtungen annähernd gleich groß sein wie diese in Glimmerschiefer eingebetteten „isometrischen" Granatkristalle (S. 55).

FORMENKOMBINATION
Pyrit (S. 59) kann in Form einfacher Würfel, aber auch zwölfseitiger Körper (Pentagondodekaeder) kristallisieren. Bei schwankenden Wachstumsbedingungen entwickeln sich beide Formen gleichzeitig, wodurch eine Streifung (S. 44) auf den Kristallflächen erscheint.

PARALLELE STRUKTUREN
Eine Serie gleichartiger Kristalle kann eine übereinstimmende Wachstumsrichtung aufweisen. Dieses Kalzitaggregat enthält eine große Anzahl spitz zulaufender, blassrosa und grau gefärbter Kristalle mit fast perfekt parallelen Hauptachsen.

SALZSEE AUF ZYPERN
Wenn Salzseen austrocknen, bleiben Salze als Kruste zurück.

TRICHTERFÖRMIGES WACHSTUM
Halit (Steinsalz, S. 21) bildet kubische Kristalle, die manchmal schneller entlang der Würfelkanten als in der Mitte der Flächen aus der Lösung wachsen. Es entstehen trichterförmige Kristalle mit abgestuften Vertiefungen auf jeder Seite.

DOPPELDECKER
Kupferkies (S. 59) und Zinkblende (S. 57) haben eine ähnliche Kristallstruktur. Hier sind die bunt angelaufenen, messinggelben Kupferkieskristalle in der Orientierung übereinstimmend mit den bräunlich schwarzen Zinkblendekristallen gewachsen.

ABGESTUFTE KRISTALLE
Dieses Halitaggregat (S. 21) enthält zahlreiche Sandkörner. Das bevorzugte Wachstum in zwei der drei Hauptrichtungen ergab diesen treppenförmigen Stapel kubischer Kristalle.

VERÄSTELTES METALL
Wo der Platz fehlt, in engen Räumen zwischen zwei Gesteinsbänken z. B., können gediegenes Kupfer (S. 56) und andere Mineralien auch in dünnen Lagen kristallisieren, die eine typische Verästelung aufweisen.

GEISTERHAFTE UMRISSE
Die dunklen Flächen im Inneren dieses Quarzkristalls sind dünne Chloritlagen, die den Kristall in früheren Wachstumsstadien überzogen haben. Als der Kristall weiterwuchs, entstanden diese geisterhaften Umrisse des Chlorits.

Die Eigenschaften der Mineralien

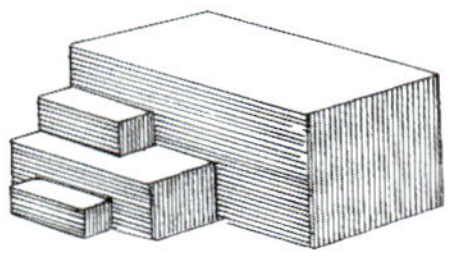

Die meisten Mineralien haben eine regelmäßige Kristallstruktur und eine eindeutige chemische Zusammensetzung. Die physikalischen und chemischen Eigenschaften sind für jedes einzelne Mineral charakteristisch und können von großer wissenschaftlicher oder industrieller Bedeutung sein. Durch die Untersuchung von Eigenschaften wie Spaltbarkeit, Härte und spezifisches Gewicht können Geologen Rückschlüsse auf die Entstehung der Mineralien ziehen. Sie sind außerdem in Zusammenhang mit Farbe und Habitus (S. 46) nützlich bei der Bestimmung der Stoffe.

Struktur

Chemisch identische Mineralien können in mehreren Kristallformen auftreten. Kohlenstoff z. B. bildet Diamant und Grafit, deren unterschiedliche Eigenschaften sich aus der unterschiedlichen Anordnung der Kohlenstoffatome im Kristall ergeben.

Modell der Kristallstruktur von Grafit

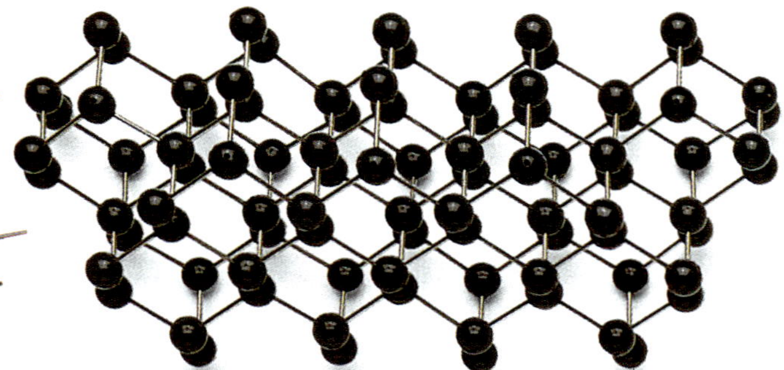

Modell der Kristallstruktur eines Diamanten

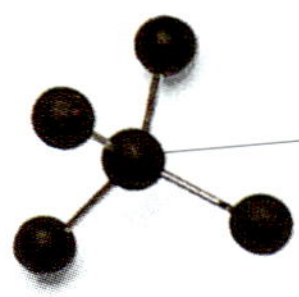

Hier ist zu sehen, wie ein Atom mit vier anderen verbunden ist.

GRAFIT
Grafit ist ein Mineral, bei dem jedes Kohlenstoffatom an drei andere in derselben Ebene gebunden ist. Die Kristallstruktur setzt sich aus Atomlagen zusammen, die nur schwach miteinander verbunden sind. Grafit ist eines der weichsten Mineralien (Mohs-Härte 1–2). Durch die lose Bindung ist er in der Lage, auf Papier Striche zu hinterlassen, und wird daher gern zu Bleistiftminen verarbeitet.

Grafitstück

Diamanten

DIAMANT
Im Diamanten (S. 50), der unter hohem Druck im kubischen System kristallisiert, ist jedes Kohlenstoffatom mit vier anderen fest verbunden. Die daraus entstehende stabile und kompakte Struktur gibt dem Diamanten seine extrem hohe Härte (Mohs-Härte 10) und macht aus ihm ein bevorzugtes Material für industrielle Schneidewerkzeuge.

Spaltbarkeit

Viele Kristalle haben die Tendenz, entlang fest definierter Spaltflächen zu brechen. Diese Eigenschaft ergibt sich aus der regelmäßigen Anordnung der Atome im Kristall.

SAUBERER BRUCH
Barytkristalle (S. 45) haben zwei Spaltungsrichtungen, die sich kreuzen. Die Spaltbarkeit von Baryt ist „vollkommen“. Ein Bruch des Kristalls würde entlang der Spaltfläche verlaufen.

DÜNNE BLÄTTCHEN
Antimonit, ein wichtiges Antimonerz, weist eine „sehr vollkommene“, blättrige Spaltbarkeit auf, die von der schwachen Bindung der Antimonketten mit den Schwefelatomen herrührt.

PERFEKTE RHOMBOEDER
Jedes Stück Kalzit hat eine derart vollkommene rhomboedische Spaltbarkeit, dass ein Bruch entlang anderer Flächen praktisch unmöglich ist.

BLEIERNE STUFEN
Galenit ist das häufigste Bleierz (S. 75). Seine vollkommene Spaltbarkeit verläuft entsprechend der würfelförmigen Anordnung der Blei- und Schwefelatome, sodass die Bruchfläche kubische Stufen aufweist.

BRUCH
Quarzkristalle brechen nicht entlang bestimmter Spaltflächen, sondern haben einen glasigen, muscheligen Bruch.

Härte

Die Bindungskraft zwischen den Atomen ist für die Härte der Mineralien entscheidend. Der Wiener Mineraloge Friedrich Mohs entwarf 1812 eine Härteskala, nach der man sich heute noch richtet. Er wählte zehn Mineralien unterschiedlicher Härte aus und ordnete sie so, dass jedes Mineral nur diejenigen, die der Ordnungszahl nach unter ihm liegen, zu ritzen vermag. Auch andere Gegenstände können zur Härtebestimmung an dieser Skala gemessen werden. Ein Fingernagel hat eine Mohs-Härte von 2,5, eine Taschenmesserklinge von 5,5. Mineralien mit Mohs-Härte 6 können Glas ritzen, während Apatit (Mohs-Härte 5) von Glas geritzt wird.

KURVE DER ABSOLUTEN HÄRTE
Die Stufen der Mohs-Skala sind unregelmäßig. Der Diamant ist 40-mal so hart wie Talk, während Korund nur 9-mal so hart ist.

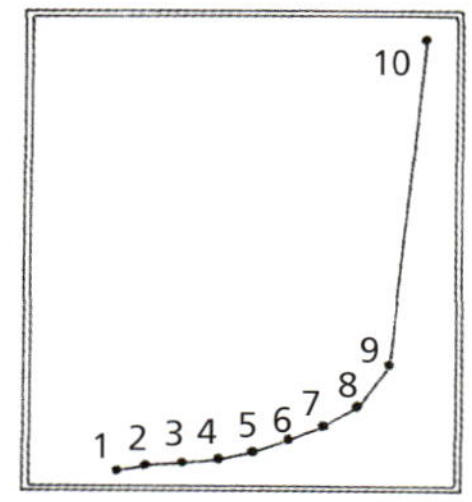

1	2	3	4	5	6	7	8	9	10
TALK	GIPS	KALZIT	FLUORIT	APATIT	ORTHOKLAS	QUARZ	TOPAS	KORUND	DIAMANT

Magnetismus

Nur zwei der häufig vorkommenden Mineralien, die Eisenverbindungen Magnetit und Magnetkies, sind stark magnetisch. Magnetit wurde früher in Form von „Magneteisensteinen“ als Kompass benutzt.

NATÜRLICHER MAGNET
Magnetit ist permanent magnetisch und zieht Eisenspäne, Büroklammern und andere Objekte aus Stahl an.

Muster aus magnetisch angezogenen Eisenspänen

Verhalten im Licht

Die Wechselwirkung des Lichts mit der atomaren Kristallstruktur der Mineralien bewirkt bezeichnende optische Merkmale.

DOPPELBRECHUNG
Das Licht wird beim Durchgang durch einen Kalzitkristallrhomboeder in zwei Strahlen geteilt, sodass der Stängel dieses Gänseblümchens für das Auge doppelt erscheint.

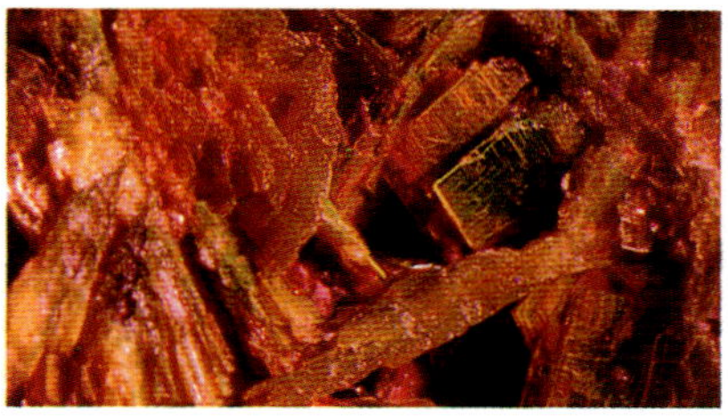

FLUORESZIERENDER AUTUNIT
Einige Mineralien wie etwa Autunit sind unter ultraviolettem Licht fluoreszierend.

Spezifisches Gewicht

Das spezifische Gewicht ist abhängig von der chemischen Zusammensetzung und der Kristallstruktur des Minerals. Gemeint ist damit das Gewicht eines Stoffs im Vergleich mit einem gleich großen Wasservolumen. Die Ermittlung des spezifischen Gewichts kann für die Bestimmung nützlich sein.

GRÖSSE UND GEWICHT
Die Art der Atome und ihre Anordnung in der Kristallstruktur sind für das spezifische Gewicht entscheidend. Diese drei Kristallstücke verschiedener Mineralien haben dasselbe Gewicht. Da aber die Atome im Galenit schwerer sind bzw. die Packung der Atome im Quarz dichter ist, sind beide Mineralien viel kleiner als der Glimmmer.

Glimmer

Quarz

Galenit

Edelsteine

Edelsteine sind natürlich vorkommende Mineralien von außergewöhnlicher Schönheit und Seltenheit. Die Spiegelung und Brechung des Lichts im Kristall sind es, die die faszinierende Schönheit der Steine bewirken – die leuchtenden Farben des Rubins und Smaragds, das Feuer der Diamanten. Meist enthüllt erst der sachkundige Schnitt und Schliff (S. 60) Farbe, Feuer und Glanz der Steine. Das Karat ist die Gewichtseinheit für die meisten Edelsteine. Es entspricht 0,2 Gramm. Man darf es allerdings nicht mit dem Karat verwechseln, das die Qualität von Gold kennzeichnet (S. 59).

Diamant

Der Begriff Diamant leitet sich vom griechischen Wort *adamas* („der Unbezwingliche") ab. Denn er ist das härteste aller bekannten Mineralien (S. 49). Berühmt ist er auch wegen seines stets brillanten Feuers. Die Qualität eines Diamanten wird anhand von Farbe, Reinheit, Schliff und Karatgewicht bewertet.

Die Kimberley-Mine in Südafrika

Diamantkristall

Kimberlit

DIAMANTEN IM GESTEIN
Kimberlit ist das Ursprungsgestein der meisten Diamanten. Die Bezeichnung geht auf Kimberley in Südafrika zurück, wo das Gestein in Vulkangängen vorkommt, die 200–300 km tief in die Erde reichen.

SCHÄTZE IM KIES
Vor 1870 wurden Diamanten nur in Form von ganzen Kristallen oder Bruchstücken aus dem Flusskies gewonnen. Im späten 19. Jh. wurde Südafrika zum Hauptlieferanten für Diamanten.

FARBIGE DIAMANTEN
In seiner Farbe variiert der Diamant von Farblos zu Gelb, Braun, Rosa, Grün und Blau. Rote Diamanten sind sehr selten. Um sie vorteilhaft zu gestalten, haben die Diamantenschleifer die Steine mit Tafelschliff oder Rosenschliff versehen. Später wurde der Brillantschliff üblich, da durch ihn Feuer und Glanz am besten zur Geltung kommen.

DER KOHINOOR-DIAMANT
Dieser berühmte indische Diamant wird hier von der englischen Königin Mary getragen.

Beryll

Smaragd und Aquamarin gehören zu den bedeutendsten Edelsteinen. Sie werden seit Jahrtausenden abgebaut. Gut entwickelte, hexagonale Beryllkristalle kommen in Pegmatiten und Glimmerschiefer vor, wie man sie in Brasilien, Russland und anderen Ländern findet.

Geschliffener Smaragd

SMARAGDE
Die edelsten Smaragde stammen aus Kolumbien, wo sie in Kalzit- und Pyrit führenden Adern auftreten. Fehlerfreie Smaragde sind sehr selten, denn die meisten Kristalle haben kleine Flecken oder Mineraleinschlüsse. Oberflächlich betrachtet scheinen diese den Wert zu beeinträchtigen. Doch sie können von Bedeutung für den Beweis der Echtheit sein.

RÖMISCHER BERYLL
Geschliffene Smaragde sind in diesen Ohrringen und Halsketten eingefasst.

Aquamarin

DIE VERSCHIEDENEN FARBEN DES BERYLLS
Reiner Beryll ist farblos. Die Farben der Edelsteine hängen oft von Unreinheiten wie beispielsweise Mangan ab, welches das Rosa des Morganits hervorruft. Die grünblauen Aquamarinkristalle werden oft erhitzt, um die blaue Farbe zu intensivieren.

Gelber Heliodor

Grünlich gelber Heliodor

„Rosenroter" Morganit

Korund

Die Pracht und Intensität ihrer Farben macht die Schönheit von Rubin und Saphir aus. Beide sind Korundvarietäten. Reiner Korund ist farblos, aber schon kleinste Chrommengen reichen aus, das Rot des Rubins hervorzurufen. Eisen und Titan lassen das Blau, Gelb und Grün der Saphire entstehen.

RUBINKRISTALL
Der Edwards-Rubin ist ein Kristall von außergewöhnlicher Qualität. Er wiegt 162 Karat und kommt wahrscheinlich aus den berühmten Edelsteinvorkommen von Mogok (Myanmar).

SAPHIRKRISTALL
Während Rubin flache Kristalle bildet, sind Saphire in der Regel pyramiden- oder tonnenförmig. Charakteristisch sind blaue bis gelbe Farbzonen, die wichtige Anhaltspunkte für den Schliff darstellen.

FLUSSJUWELEN
Die meisten Saphire und Rubine werden aus Flusskies gewonnen. Edelsteinmineralien sind normalerweise widerstandsfähiger gegen Verwitterung als ihre Muttergesteine und werden so in Flussbetten angesammelt.

EDELSTEINE IM SCHMUCK
Den ältesten Schmuck kennen wir von zeremoniellen Begräbnissen vor 20 000 Jahren. Diesen emaillierten Goldanhänger aus dem späten 16. Jh. schmücken Rubine, Smaragde und Diamanten.

DER STERNSAPHIR
Einige Steine enthalten nadelförmige Kristalle, die in drei um 120° gegeneinander verdrehten Richtungen orientiert sind. Durch entsprechendes Schleifen entstehen Sternrubine bzw. Sternsaphire.

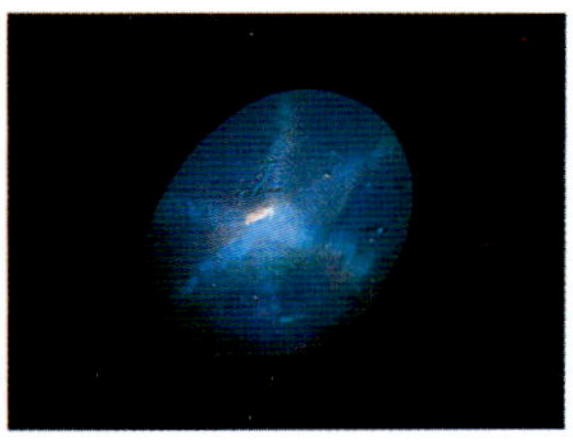

Geschliffener Rubin

Blauer Saphir

Farbloser Saphir

Rosa Saphir

Gelber Saphir

Klarer Saphir

Violetter Saphir

EDELSTEINVORKOMMEN
Die ergiebigsten Lagerstätten blauer und gelber Saphire liegen in Australien. Rubine werden v. a. in Myanmar, Thailand und Zentralafrika abgebaut. Die reichhaltigen Flusskiese Sri Lankas liefern bereits seit mindestens 2000 Jahren wunderschöne blaue und rosa Saphire.

Opal

Der Name Opal rührt wahrscheinlich vom Sanskrit-Wort *upala* her, das „wertvoller Stein" bedeutet. Der Opal, den die Römer für ihren Schmuck verarbeiteten, stammte jedoch nicht aus Indien, sondern aus dem Gebiet des heutigen Tschechiens und der Slowakei. Im 16. Jh. gelangte der Opal aus Zentralamerika nach Europa und erst nach 1870 übernahm Australien die führende Rolle auf dem Weltmarkt.

MUTTERGESTEINE DES OPALS
So wie dieses Exemplar aus Australien bildete sich Edelopal meistens innerhalb großer Zeiträume in Sedimentgesteinen. In Mexiko und Tschechien bzw. der Slowakei hingegen entstand Opal in Gashohlräumen vulkanischer Gesteine. Er wird meist zu Cabochons (S. 60) geschliffen. Da aber die Adern in Sedimentgesteinen meist sehr dünn sind, werden auch Opalplättchen auf Onyx oder Glas zu Dubletten gekittet. Solche Steine lassen sich weiter zu Tripletten „verschönern", indem noch eine Kappe aus Quarz daraufgesetzt wird.

OPAL-GEWINNUNG IN AUSTRALIEN
Abgesehen von seiner Verwendung als Edelstein wird Opal heute auch zur Herstellung von Schleifmitteln und Isoliermaterialien benutzt.

Opalisierender schwarzer Opal

FARBVARIANTEN DES OPALS
Das Schillern von Blau, Grün, Gelb und Rot (Opalisieren) des prächtigen Opals entsteht durch Reflexion und Lichtbrechung an der Oberfläche der winzigen Quarzkügelchen im Mineral. Diese Regenbogenfarben heben sich von der Hintergrundfarbe ab, die wasserhell beim Glasopal, weiß im Milchopal, grau oder, in seiner schönsten Variante, schwarz sein kann.

Weißer Opal

Milchiger Opal

FEUEROPAL
Die schönsten Feueropale kommen aus Mexiko und aus der Türkei. Sie werden fast immer zu facettierten Ringsteinen verschliffen. Feueropal wird sowohl wegen seiner Farbintensität als auch wegen seines Opalisierens geschätzt.

Schmucksteine

Türkis, Achat, Lapislazuli und Jade gehören zu den Edelsteinen, die aus einem Gemisch verschiedener Kristalle bestehen. Sie werden vor allem wegen ihrer Farbe geschätzt, ob nun gleichmäßig wie bei einem schönen Türkis oder gemustert wie in einer Achat-Kamee. Jade und Achat, die zäh sind, eignen sich für die feine Steinschneidekunst, während für den weicheren Türkis eine schützende Einfassung, wie sie in Anhängern und Einlegearbeiten gegeben ist, ratsam ist.

Chalzedon

Karneol, Onyx, Achat und Chrysopras sind sämtlich Vertreter der Chalzedonfamilie. Reiner Chalzedon ist trüb durchscheinend, grau oder weiß und besteht aus feinen Quarzfasern in dünnen Lagen. Einen sichtbar geschichteten Chalzedon, der durch Unreinheiten hervorgerufene Farben und Muster zeigt, nennt man Achat.

Chrysopras-Cabochon

FAVORIT FRÜHERER ZEIT
Schon seit vorrömischer Zeit wird der apfelgrüne Chrysopras zu Schmuck verarbeitet, meist zu Kameen oder Intaglien in Ringen und Anhängern.

Lapislazuli

Hauptbestandteil des blauen Lapislazuli ist Lasurit, ein Mineral der Sodalithgruppe. In kleineren Mengen enthält er außerdem noch weißen Kalzit und messingfarbene Pyriteinschlüsse.

DIE REINSTEN VORKOMMEN
In Badakhschan (Afghanistan) wird der beste Lapislazuli abgebaut. Er tritt in Form von Linsen und Adern in weißem Marmor auf.

Türkis

Schon in frühestem Schmuck verwendet, ist Türkis so allgemein bekannt, dass sein Name ein geläufiger Ausdruck für ein blasses Grünblau wurde. Die farbgebenden Substanzen sind hauptsächlich Kupfer sowie Spuren von Eisen. Je mehr Eisen ein Stein enthält, desto grüner (und weniger wertvoll) ist er.

VERSCHLIFFENER TÜRKIS
Der zarteste himmelblaue Türkis wird in Nischapur (Iran) bereits seit 3000 Jahren abgebaut. Ein weiteres antikes Ursprungsgebiet, das schon den Azteken bekannt war, ist der Südwesten der USA, aus dem heute der größte Teil der Weltproduktion kommt.

ANTIKER LAPISLAZULI-SCHMUCK
Seit Jahrhunderten werden aus Lapislazuli Perlen und Schnitzereien gefertigt. Bekannt ist er schon seit 6000 Jahren. Sein Name geht auf das persische Wort *lazhward* („blau“) zurück.

MESOPOTAMISCHES MOSAIK
Für die Gestaltung der hölzernen Tafeln, die wir als „Standarte von Ur“ kennen, wurde auch Lapislazuli verwendet (um 2500 v. Chr.).

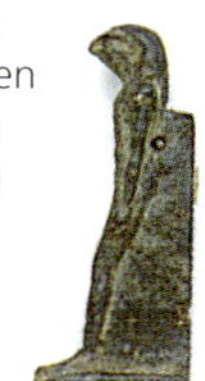

ÄGYPTISCHES AMULETT
In den Gräbern der Könige hat man etliche schöne Gegenstände früherer ägyptischer Handwerkskunst gefunden.

TÜRKISSCHMUCK
Dieses Artefakt könnte aus dem Iran stammen. Die doppelköpfige Schlange (ganz oben) ist eine aztekische Halskette, die Moctezuma Cortés zum Geschenk machte.

TIEFES BLAU *links*
Das intensive Blau dieser Lapislazulischeibe wird durch kleine Schwefelbeimengungen hervorgerufen.

ACHAT
Die feinkörnigen, gebänderten Achate entstehen in Hohlräumen vulkanischer Gesteine. Die ergiebigsten Fundorte wertvoller Achate liegen in Brasilien und Uruguay.

POLIERTER ACHAT
Durch das Polieren werden die wunderbaren Muster des Achats sichtbar. Sie entstehen dadurch, dass aus heißen, kieselsäurehaltigen Lösungen, die durch die Hohlräume poröser Gesteine dringen, sich mikroskopisch kleine Kristalle in farbigen Ablagerungen niederschlagen.

PORTRÄT
In römischen Zeiten waren Kameen aus Blutjaspis beliebt.

LANDSCHAFT IN STEIN
Durch den zarten Cabochonschliff kommen die Muster dieses Moosachats sehr schön zur Geltung.

DEKORATIVES MESSER
Karneol ist ein roter Chalzedon, der immer schon für dekorativen Schmuck und Einlegearbeiten benutzt wurde. Hier hat man ihn zu einem Messer verarbeitet.

Jade

Der Name leitet sich vom spanischen *piedra de hijada* ab, der zunächst den grünen Stein beschrieb, den Indianer in Zentralamerika für Schnitzereien verwendeten. Heute bezieht sich der Name eigentlich auf zwei verschiedene Substanzen: Jadeit und Nephrit.

DIE MASKE TUTANCHAMUNS
In die goldene Maske wurden Lapislazuli, Karneol, Obsidian und Quarz sowie verschiedenfarbiges Glas eingearbeitet.

SELTENE JADE
Jadeit kann weiß, orangefarben, braun und, seltener, fliederfarben sein. Am beliebtesten jedoch ist die milchig durchscheinende smaragdgrüne Varietät.

CHINESISCHE KUNST
Die Chinesen, die die extreme Zähigkeit von Jade bereits seit mehr als 2000 Jahren kennen, wussten sich diese Eigenschaften für ihre feine Steinschneidekunst zunutze zu machen.

DOLCH EINES MOGULS
Die Künstler im Dienste der Moguln bevorzugten bei der Anfertigung von Dolchgriffen, Schalen und Schmuck blassgrünen und grauen Nephrit, in den sie oft Rubine und andere Edelsteine einlegten.

NEPHRITGERÖLL
Nephrit ist weiter verbreitet als Jadeit. Er hat gewöhnlich eine grüne, graue oder cremig weiße Farbe und kommt oft in Form wassergerundeter Steine vor. Dieses Nephritgeröll aus Neuseeland ist ein typisches Beispiel.

Weniger bekannte Edelsteine

Neben den wohlbekannten Edelsteinen Diamant, Rubin, Saphir, Smaragd und Opal werden noch eine ganze Reihe anderer Mineralien in Schmuck eingearbeitet. Durch attraktive Eigenschaften wie den feurigen Glanz bei Zirkonen und Demantoiden oder die schattige Farbigkeit bei der Turmalingruppe haben sie das Interesse auf sich gelenkt. Der Platz reicht hier nur zur Erwähnung der am häufigsten verwendeten Schmucksteine, deren Vielfalt beachtlich ist.

Mehrfarbiger Topas

Blauer Topas

Gelber Topas

TOPAS
Topaskristalle in Edelsteinqualität kommen hauptsächlich in Graniten und Pegmatiten vor. Sie können bei beachtlicher Größe bis zu mehrere Hundert kg wiegen. Die größten Steine sind farblos oder zartblau, die beliebtesten aber, mit dem höchsten Karatpreis, sind die goldgelben und rosafarbenen, die beide in Brasilien gefunden werden. Pakistan ist die einzige weitere Quelle für rosa Topas, während gelber Topas etwas häufiger vorkommt und farbloser Topas weltweit zu finden ist.

TOPASBROSCHE
Brauner Topas wurde bei der Schmuckherstellung im 18. und 19. Jh. viel verwendet. Die in der Natur seltene rosa Farbe wurde auch künstlich durch Erhitzen brauner Steine erzielt.

Blauer Spinell

Rosa Spinell

Violetter Spinell

SPINELL
Roter Spinell ist dem Rubin sehr ähnlich, daher nannte man ihn auch „Balas-Rubin". Balascia (heute Badakhschan) in Afganistan ist vermutlich sein Ursprungsort. Schöne rote Spinelle kommen auch aus Myanmar und Sri Lanka, wo man auch rosafarbene, violette, blaue und blaugrüne Steine findet.

Geschliffener Spinell

„RUBIN DES SCHWARZEN PRINZEN"
Dieser berühmte Spinell ist der zentrale Stein der englischen Staatskrone.

PERIDOT
So wird durchsichtiger Olivin (S. 43) in Edelsteinqualität genannt. Olivin kommt häufig in basaltischer Lava und in einigen Gesteinen der tieferen Erdkruste vor. Das Eisen-Magnesium-Verhältnis bestimmt die Farbschattierung des Steins. Peridot hat eine geringere Härte als Quarz und einen charakteristischen „Fettglanz". Schon in der Antike bezog man ihn von der Insel Zeberget im Roten Meer. Seitdem wurden aber auch schöne Steine in Myanmar, Norwegen und Arizona (USA) gefunden.

Geschliffene Peridote

Roter Zirkon

Rosa Zirkon

Grüner Zirkon

Gelber Zirkon

Blauer Zirkon

ZIRKON
Vielleicht nach dem arabischen Wort *zerkin* für „Zinnoberrot" oder dem persischen Wort *zargun* für „golden" benannt, ist Zirkon dieser Farben, aber auch in grünen und braunen Varietäten, in Indien seit Jahrhunderten zu Schmuck verarbeitet worden.

GRANAT

Die Granatgruppe umfasst eine ganze Reihe von Mineralien, zu denen Almandin und Pyrop (rot und purpurrot), Spessartin (orangerot), Grossular (orangefarben, grün oder farblos) und Demantoid (grün) gehören. Schöne Demantoide haben eine Farbe, die es mit der des Smaragds aufnehmen kann, und ihr Glanz übertrifft den des Diamanten. Schönheit und Seltenheit dieser Steine spiegeln sich im hohen Preis wider. Cabochons aus Almandin und Pyrop sind seit über 2000 Jahren beliebt. Die besten Exemplare des Spessartins und des orangefarbenen Grossulars kommen aus Brasilien und Sri Lanka, die besten Demantoide aus dem Ural.

Grossularstufe

GRANATOHRRINGE

In Gold eingefasst ergeben Granatsteine mit Rosenschliff (S. 60) schöne Schmuckstücke, wie an diesen Ohrringen aus dem 18. Jh. zu sehen ist.

Stein mit Rosenschliff

Gold

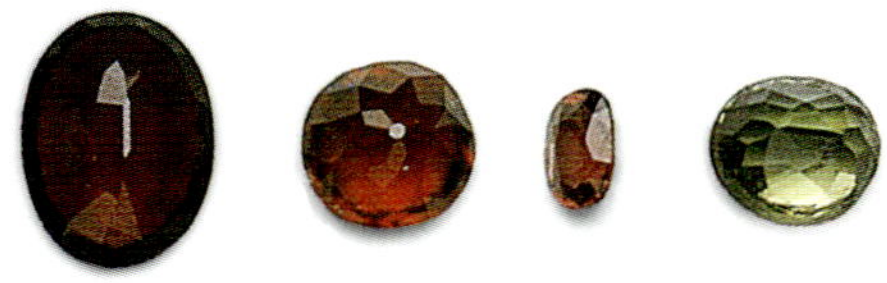

Almandin Hessonit Pyrop Demantoid

Demantoidkristalle

GRIECHISCHES DIADEM

Dieser Teil eines emaillierten Diadems aus dem 2. Jh. n. Chr. ist mit Granatsteinen besetzt. Die Gestaltung ist typisch für viele zeitgenössische griechische Artefakte.

Halsband aus dem 19. Jh.

AMETHYST

Der violette Amethyst ist eine Varietät des Quarzes (S. 44), dessen reine Form farblos ist (Bergkristall). Erst durch Eisen-, Mangan- und Titanunreinheiten bekommen Amethyst, Zitrin (gelb) und Rosenquarz ihre Farben. Die schönsten Amethyste kommen aus Indien, Uruguay und Brasilien, wo sie in Gashohlräumen vulkanischer Gesteine als Geoden entstanden sind.

Geschliffener Amethyst

TURMALIN

Der Turmalin bietet die größte Farbvielfalt aller Edelsteine. Einige Kristalle sind sogar in sich vielfarbig. Die beiden Enden des Steins weisen sowohl verschiedene Kristallformen als auch eine unterschiedliche elektrische Ladung auf, die durch Farbwechsel, meist von Grün zu Rosa, noch unterstrichen wird. Turmalinkristalle mit der besten Edelsteinqualität werden in Pegmatiten gefunden. Einige Minen in Kalifornien (USA) sind für ihre rosa und grünen Kristalle berühmt. Schöne Steine gibt es aber auch im Ural, in Brasilien und auf Madagaskar.

Gelbgrüner Turmalin

Grüner Turmalin

Blauer Turmalin

Rosa Turmalin

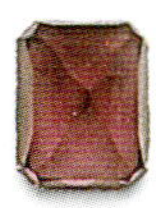

Brauner Turmalin

Violettgrauer Turmalin

Wassermelonen-Turmalin (Mitte rot, Enden grün)

Turmalin mit Farbübergängen

BYZANTINISCHE RELIQUIE (um 955 n. Chr.)

Viele byzantinische Kunstgegenstände sind aus Gold und mit den schönsten Steinen verziert.

Erze und Metalle

Aus den Erzmineralien werden die meisten nützlichen Metalle gewonnen. Nach dem Abbau im Bergwerk, im Steinbruch oder im Tagebau werden sie durch Zerkleinerungs- und Trennungsprozesse konzentriert, bevor sie, raffiniert und geschmolzen, Metalle ergeben. Schon um 5000 v. Chr. wurde Kupfer zu Perlen und Nadeln verarbeitet, aber erst die Mesopotamier begannen im großen Rahmen mit dem Schmelzen und Gießen. Als dann etwa 3000 v. Chr. dem Kupfer Zinn zugefügt wurde, entstand Bronze, die wesentlich härter ist. Aber bald überwog die Eisenproduktion, die schon um 500 v. Chr. weitverbreitet war, denn Eisen ist noch härter als Bronze und Eisenerz ist fast überall vorhanden.

Rituelles Bronzegefäß für Nahrung (China, ca. 10. Jh. v. Chr.)

Bauxit, das wichtigste Aluminiumerz (S. 13)

LEICHTGEWICHTIGES ALUMINIUM
Aluminium ist leicht, widerstandsfähig und hat eine gute elektrische Leitfähigkeit. Es wird in Hochspannungsleitungen, Bauwerken und Waschmaschinen eingesetzt und zu Kochtöpfen verarbeitet.

Aluminiumfolie für den Haushalt

Gestapelte Aluminiumbarren

Eisenerz (Hämatit)

Eisenerzabbau um 1580

ZÄHES EISEN
Hämatit ist das wichtigste Eisenerz. Eine verbreitete Varietät ist der wegen seines Aussehens sogenannte „Rote Glaskopf". Eisen ist zäh und relativ hart, aber trotzdem leicht zu verarbeiten: Es kann gegossen, geschmiedet, gewalzt, gepresst und gestanzt werden. Eisen wird meist zu Stahl legiert, der in der Industrie und im Haushalt vielfältige Verwendung findet.

Stahlschraube

Titanhaltiger Rutil

FARBENPRÄCHTIGES KUPFER
Weitverbreitete Kupfererze sind der messingartige Kupferkies und der blau anlaufende Bornit. Erze mit hohem Gehalt bilden meist isolierte Vorkommen, bei denen ein Abbau unrentabel wäre, sodass das meiste Kupfer heute aus zwar wenig ergiebigen, aber ausgedehnten Lagerstätten kommt. Die gute Leitfähigkeit des Kupfers macht es für die Elektroindustrie fast unentbehrlich. Eine Legierung aus Kupfer und Zink ergibt Messing, Kupfer und Zinn wird zu Bronze.

Kupferkies

Kupfererz (Bornit)

HOCHFESTES TITAN
Rutil und Ilmenit sind die bedeutendsten Titanerze. Diese beiden in magmatischen und metamorphen Gesteinen vorkommenden Mineralien werden durch Verwitterung und Erosion mit anderen verwertbaren Mineralien in sandigen Ablagerungen konzentriert. Aufgrund seiner hohen Festigkeit bei gleichzeitig geringem Gewicht wird Titan in der Luftfahrtindustrie sowohl beim Bau der Triebwerke als auch der tragenden Elemente des Flugzeugs geschätzt.

Bestimmte Flugzeugbauteile bestehen aus Titan.

Rohrmuffe aus Kupfer

Verzinkter Nagel

Zinkblende

„BLACK JACK"
So wurde die Zinkblende von den angelsächsischen Bergleuten genannt. Dieses wichtigste Zinkerz kommt in sedimentären Gesteinen vor, wo es allerdings leicht mit anderen Mineralien zu verwechseln ist. Zink wird heute zum größten Teil von Galvanisierungsbetrieben verarbeitet. Dort werden Stahlgegenstände und -bleche verzinkt, d. h. mit einem dünnen Zinküberzug versehen, der sie vor Rost schützt.

Zinkverarbeitung in Belgien (1873)

BESTÄNDIGER NICKEL
Nickel kommt in großen Gabbrointrusionen (S. 17) und in Ablagerungen vor, die aus der Verwitterung von basaltischen Gesteinen entstanden sind. In Form von Rotnickelkies ist er ein Nebengemengeteil von Silber- und Chromlagerstätten. Verwendet wird Nickel für korrosionsbeständige Legierungen (Edelstahl) sowie für hitzeunempfindliche, hochfeste Legierungen, wie sie z. B. für den Bau von Düsentriebwerken benötigt werden.

Nickel-Kadmium-Batterie

Rotnickelkies

Quecksilbererz Zinnober

ROTES QUECKSILBER
Das giftige Zinnober (S. 33) ist das bedeutendste Quecksilbererz. Nur in der Nähe von jüngeren vulkanischen Gesteinen und heißen Quellen ist es in wirtschaftlich interessanter Konzentration vorhanden. Die bekanntesten Produzenten sind China, Spanien und Italien. Quecksilber hat eine sehr hohe Dichte und einen so niedrigen Schmelzpunkt, dass es bei Zimmertemperatur flüssig ist. Es findet Verwendung in der chemischen und pharmazeutischen Industrie.

Quecksilberthermometer

WEICHES, SCHIMMERNDES BLEI
Bleiglanz, das häufigste Bleierz, wird hauptsächlich aus Lagerstätten in Kalkstein gewonnen, so auch im Süden der USA. Einige Bleivorkommen sind nur wegen ihres hohen Silbergehalts wirtschaftlich abbaubar. Das korrosionsbeständige Blei ist das dichteste und weichste aller gewöhnlichen Metalle. Es wird für wiederaufladbare Batterien benutzt. Außerdem kommt Blei im Maschinenbau und in der Klempnerei zum Einsatz sowie, mit Zinn vermischt, als Lötmittel.

Bleihaltiger Lötzinn

Bleiglanz

Englisches Zinnbergwerk (19. Jh.)

Kristalliner Kassiterit

LEICHT ZU VERARBEITENDES ZINN
Das Zinnerzmineral Kassiterit ist hart, dicht und erosionsbeständig. Solche schönen Kristalle wie in dieser Stufe aus Bolivien sind allerdings relativ selten. Die heutige Verwendung von Zinn basiert auf einer Kombination interessanter Eigenschaften: niedrige Schmelztemperatur, Korrosionsbeständigkeit, Geschmeidigkeit, gute elektrische Leitfähigkeit und Ungiftigkeit. Es wird zu Lötzinn und Weißblech verarbeitet.

Weißblech

Edelmetalle

Gold und Silber gehören zu den ersten Metallen, die entdeckt wurden. Schon immer wurden sie wegen ihrer Schönheit und relativen Seltenheit geschätzt. Als Münzen und Barren waren sie greifbare Wertgegenstände und Hauptzahlungsmittel, außerdem wurden sie zu Schmuck und anderen Artefakten verarbeitet. Platin hingegen wurde in Europa erst Mitte des 18. Jahrhunderts bekannt, als es aus Kolumbien mitgebracht wurde. Zur Herstellung von Münzen und Schmuck wurde dieses Material sogar erst in unserem Jahrhundert verwendet.

Platin

Platin, das heute sogar wertvoller ist als Gold, dient industriell hauptsächlich als Katalysator in den Ölraffinerien und zur Reinigung von Autoabgasen.

SPERRYLITHKRISTALL
Platin ist Bestandteil einiger Mineralien, zu denen Sperrylith gehört. Dieser schöne Kristall wurde im Transvaal (Südafrika) um 1924 gefunden. Er ist der größte bekannte Sperrylithkristall.

PLATINKÖRNER
Die meisten platinhaltigen Mineralien kommen als winzige Kristalle in Nickellagerstätten vor. Außerdem fällt Platinerz oft als Nebenprodukt bei der Goldförderung an. Diese Kristallkörner stammen aus Rio Pinto in Kolumbien.

PLATINNUGGET
Große Platinstücke werden nur sehr selten gefunden. Dieses Exemplar aus dem Ural ist mit 1,1 kg schon beeindruckend, aber noch klein im Vergleich zum größten gefundenen Platinnugget, das 9,7 kg wog.

RUSSISCHE MÜNZEN
Die während der Herrschaft von Nikolaus I. geprägten russischen Platinmünzen hatten einen Wert von 3 Rubel.

Silber

Weniger wertvoll als Gold und Platin, hat Silber den Nachteil leicht anzulaufen. Massiv oder als Blattsilber wird es in der Schmuckherstellung und für Verzierungen benutzt. Einer der Hauptabnehmer ist auch die Fotoindustrie.

MEXIKANER BEIM ZERSTOSSEN DES ERZES
Diese frühe Zerkleinerungsmethode für Silbererz war zwar primitiv, aber trotzdem effektiv.

FEINE SILBERDRÄHTE
Heute fällt Silber meist als Nebenprodukt beim Abbau der Kupfer- und Blei-Zink-Lagerstätten ab. Früher wurde Silber noch in reiner metallischer Form gefördert. Besonders berühmt sind die „Silberdrähte" der Kongsbergminen in Norwegen.

KELTISCHE BROSCHE
Die Kelten haben aus Silber viele aufwendige Schmuckstücke geschmiedet.

SILBERZWEIGE
Manchmal, wie bei diesem Exemplar aus Copiapo (Chile), bildet Silber „dendritische" Formen (S. 46).

RITUELLE GLOCKE
Diese Thora-Glocke bildete mit einer anderen ein Paar und hatte bei jüdischen Zeremonien eine Funktion. Die Glocke wurde im frühen 18. Jh. in Italien angefertigt.

Gold

Dieses vertraute gelbe Metall spielt bei der Schmuckherstellung, in der Zahnmedizin und der Elektronikindustrie eine große Rolle, wenn auch mehr als die Hälfte des mühsam gewonnenen Goldes wieder in die Erde zurückkehrt – als Rücklagen der Banken in unterirdischen Tresoranlagen.

GOLDMINE (um 1900)
Der traditionelle Goldabbau war sehr arbeitsintensiv.

DER GROSSE GOLDRAUSCH
Im 19. Jh. schürten Goldfunde in Kalifornien und Australien die Hoffnungen einer großen Anzahl von Goldsuchern, die eifrig begannen Gold zu „waschen".

Kupferkieskristalle

QUARZADERGOLD
Gold kann in Quarzadern als wertvolle Verkrustung eingesprengt sein. Es wird ausgesondert, indem aus dem zermahlenen Erz ein Konzentrat abgetrennt und geschmolzen wird.

FALSCHGOLD
Unkundige verwechseln der gleichen Farbe wegen leicht Kupferkies und v. a. Pyrit mit Gold, was dem Pyrit auch den Namen „Katzengold" beschert hat. Kupferkies als wichtigstes Kupfererz ist im Vergleich zu Gold eher grünlich gelb und außerdem spröde und härter, wenn auch nicht so hart wie Pyrit.

Derber Kupferkies

PYRIT
Pyrit bildet im Allgemeinen würfelförmige Kristalle und seine Farbe ist im frischen Anbruch blasser als die von reinem Gold. Sie wirkt eher wie die von Weißgold oder Elektrum, einer natürlichen Legierung von Gold und Silber. In jedem Fall ist Pyrit viel härter als Gold.

Tutanchamuns Halsreif

GOLDKÖRNCHEN
Eine Goldquelle stellen auch die kleinen, gerundeten Körnchen in bestimmten Kiesen und Sanden dar. Diese Ablagerungen werden entweder von Goldgräbern gewaschen oder in großem Maßstab abgebaggert.

Pyritkristalle

ÄGYPTISCHES HANDWERK
Das antike Ägypten gehörte zu den ersten Kulturen, die die Goldschmiedekunst meisterten. Heutzutage wird dem Gold meist Silber oder Kupfer hinzugefügt, um es härter zu machen. Der Goldgehalt wird dann in Karat ausgedrückt.

Pyrit, in Gestein eingesprengt

Schleifen und Polieren

Die älteste Bearbeitungsmethode bestand darin, Steine gegeneinanderzureiben, um glatte Flächen zu bekommen, die dann geschnitten werden konnten. Viel später erwarben die in diesem Gebiet tätigen Steinschleifer die Fähigkeit, aus den wertvollen Edelsteinen bei optimaler Rohsteinerhaltung die bestmöglichen optischen Effekte zu erzielen. In den letzten Jahren haben Amateurschleifer wieder damit begonnen, mittels einer Trommel gerundete Steine nach der uralten Methode des Gegeneinanderreibens zu polieren.

Deutsche Achatschleiferei (um 1800)

Schleifen der Edelsteine

Viele Edelsteine sehen im Naturzustand stumpf aus (S. 50). Der Steinschneider muss sie so schleifen und polieren, dass ihre natürlichen Qualitäten verstärkt werden. Dabei hat er die Lage von eventuellen Fehlstellen zu berücksichtigen.

DER SCHWIERIGSTE SCHLIFF
Rohe Diamanten werden vor dem Sägen und Schleifen mit Tusche markiert.

BELIEBTE SCHLIFFFORMEN
Die ersten Schliffformen waren relativ einfach, wie der Tafelschliff und der Cabochon. Mit der Zeit entwickelten die Schleifer die komplexeren Facettenschliffe, z. B. den Treppenschliff und den Brillantschliff.

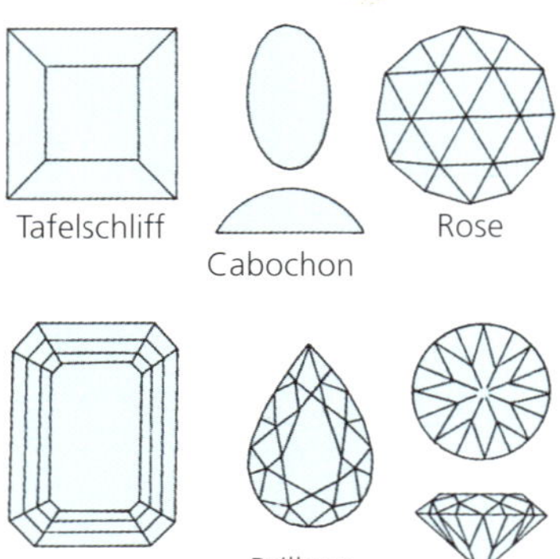

Tafelschliff

Cabochon

Rose

Smaragd- oder Treppenschliff

Brillant (tropfenförmig)

Brillant (rund)

DAS TROMMELN
Viele Amateurschleifer benutzen eine auf Walzen liegende Trommel. Die Mineral- oder Gesteinsfragmente werden zunächst mit einem groben Schleifband und Wasser etwa eine Woche lang in der Trommel gewälzt. Diese Prozedur wird mit feineren Schleifmitteln wiederholt.

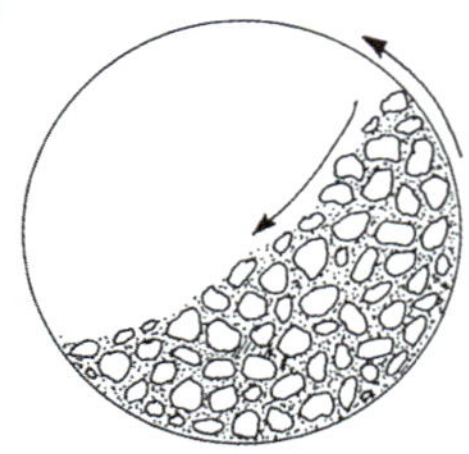

Während der Behälter rotiert, werden die Steine rund geschliffen.

Unbehandelte Mineralbrocken, bereit für das Trommeln

Wasser, das dem Schleifmittel zugesetzt wird

SCHLEIF- UND POLIERMITTEL
Verschiedene Schleifmittel werden in der Reihenfolge ihrer Korngröße eingesetzt.

Grobkörniges Schleifmittel für den ersten Durchgang

Feinkörniges Schleifmittel für den zweiten Durchgang

Ceroxyd, ein sehr feines Poliermittel, verleiht den Steinen zum Schluss Glanz.

Roher Bergkristall (Quarz)

QUARZ *links*
Aufgrund ihres häufigen Vorkommens und ihrer großen Härte, die einen schönen Glanz ermöglicht, werden die Mineralien der Quarzgruppe (S. 42, 44) am häufigsten in der Trommel geschliffen.

UNAKIT *unten*
Ein anderes bei den Amateurschleifern beliebtes Material ist ein unter dem Namen Unakit bekanntes Gemenge von rosa Feldspat und Quarz mit grünem Epidot.

Polierter Bergkristall

Unakit, roh

Unakit, poliert

Porträtintaglio

Klassisches Kameeporträt

Rosenquarz-Rohstücke

Polierter Rosenquarz

ZISELIERTE STEINE
Kameen sind Steine mit erhaben geschnittenen Figuren, während Intaglien tief eingeschnitten sind.

HALSKETTE
Diese polierten Achate wurden durchbohrt und mit Perlen abwechselnd aufgefädelt.

AMETHYST *unten*
Wegen der ungleichmäßigen Färbung dieser violetten Quarzvarietät haben polierte Amethyste ein reizvoll meliertes Aussehen.

Roher Amethyst

Polierter Amethyst

ROSENQUARZ
Diese rosafarbene Quarzvarietät ist viel seltener als weißer Quarz oder Amethyst. Rosenquarz kommt meist aus Brasilien, aber die USA sind auch ein bedeutender Produzent.

Kamee (in Onyx geschnitten)

Intaglio mit biblischer Szene

THOMSONIT
Der farbige gebänderte Thomsonit ergibt beim Trommeln merkwürdige Muster und Steine, die wie Augen aussehen. Das beste Ausgangsmaterial wird in Minnesota (USA) gefunden. Thomsonit ist ein in basaltischer Lava (S. 19) relativ weitverbreitetes Silikat (S. 42).

Thomsonit (poliert)

Thomsonit in Basalt

VERSCHIEDENE STEINE
Viele Mineralien und Gesteine lassen sich in der Trommel schleifen. Zu den schönsten gehören: Tigerauge (1), blauer Aventurin (2), Amazonit (3), „Schneeflocken"-Obsidian (4), „Apachenträne" (5), Moosachat (6), rot gebänderter Achat (7), Sodalith (8), „Crazy-lace"-Achat (9) und „Schlangenhaut"-Achat (10).

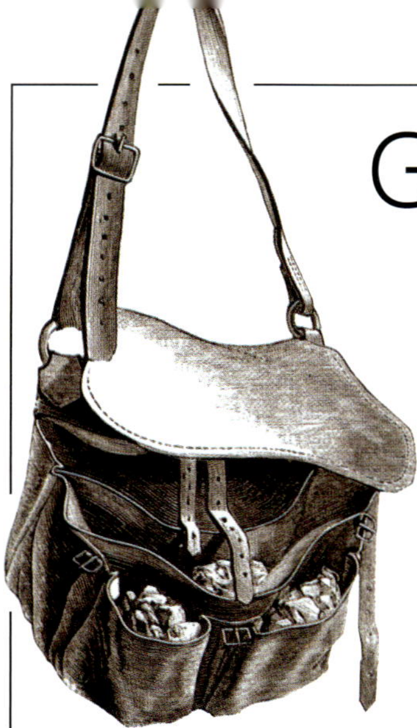

Gesteine und Mineralien sammeln

Das Sammeln von Mineralien und Gesteinen und die Registrierung der Funde sind ein lohnender und beliebter Zeitvertreib. Die Tradition dieses Hobbys geht auf die Amateurgeologen des 19. Jahrhunderts zurück, die zum Teil eindrucksvolle Sammlungen zusammenstellten.

DIE WERKZEUGE DES SAMMLERS
Die Grundausrüstung besteht aus einem Geologenhammer von 0,5–1 kg Gewicht und ein paar Meißeln. Geologenhämmer haben eine flache und eine keilförmige Seite, die eine zum Zerschlagen, die andere zum Brechen und Spalten des Gesteins. Sie sind speziell für diesen Zweck gehärtet. Andere Hämmer, die eher zersplittern können, sollten nicht benutzt werden.

Schwerer Hammer zur Arbeit mit dem Meißel

Flachmeißel

Spitzer Meißel

Geologenhammer (0,5 kg)

Hammer zum Herrichten der Gesteinsproben

SORGFÄLTIGE PLANUNG
Alle Geländeunternehmungen und Sammelausflüge sollten anhand geologischer Führer und Karten vorbereitet werden. Wenn nötig, sollte die Erlaubnis zum Betreten privater Grundstücke eingeholt werden. Wenn man allein sammeln geht, sollte man jemandem die beabsichtigte Route und das Ziel mitteilen. Man sollte auch stets zur Orientierung einen Kompass mit sich führen und sich daraus ergebende Hinweise notieren.

GELÄNDEARBEIT
Geologen des 19. Jh. haben im Gelände die Techniken des Sammelns und des Kartierens der Gesteine entwickelt.

Karte

Kompass

Führer

SCHUTZKLEIDUNG
Beim Arbeiten mit dem Hammer besteht große Verletzungsgefahr durch scharfe Steinsplitter. Schutz bieten Brille, Handschuhe und Sicherheitshelm. Unentbehrlich sind kräftige Schuhe und wasserfeste Kleidung.

Arbeitshandschuhe

Sicherheitshelm

Schutzbrille

HINWEISE
Es gibt Regeln, die man im Gelände stets befolgen sollte: um Erlaubnis bitten, wenn man Privatgrundstücke betreten möchte; sich an die Umweltschutzbestimmungen halten; weder Tiere stören noch andere in Gefahr bringen; zweckmäßige Kleidung tragen und geeignetes Werkzeug mit sich führen.

REGISTRIERUNG DER FUNDE
Der genaue Fundort sollte mit weiteren Bemerkungen gleich in ein Geländebuch notiert und das Stück mit Stift oder Klebeband sorgfältig nummeriert werden. Ein Foto oder eine Skizze vor der Entnahme liefern eine bleibende Dokumentation des Funds in seinem ursprünglichen Zustand.

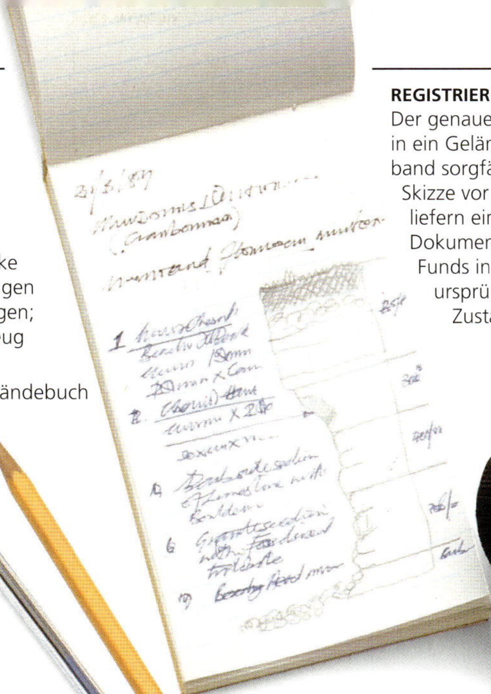

Geländebuch

Bleistift

Schreiber

Kamera für Übersichts- und Detailaufnahmen. Man sollte immer versuchen einen Gegenstand als Maßstab in die Bilder einzubeziehen.

BESTIMMUNG
Für die Betrachtung der Fundstücke an Ort und Stelle ist eine kleine Lupe mit 10-facher Vergrößerung ideal.

Spatel für Feinarbeiten wie das Herauslösen der Fossilien aus dem Gestein

Skalpell für feine Präparierarbeiten an Fossilien

Streichmesser zum Ausgraben von Mineralien und Fossilien aus weichen Gesteinen

WERKZEUG FÜR FEINARBEITEN
Mit Wasser und einer weichen Bürste können die Funde schonend vom umgebenden Material befreit werden. Weiche, leicht zerbröckelnde Gesteine wie z. B. Ton lassen sich mit einer Kelle lockern und dann durchsieben, um kleine Mineralien und Fossilien auszusondern.

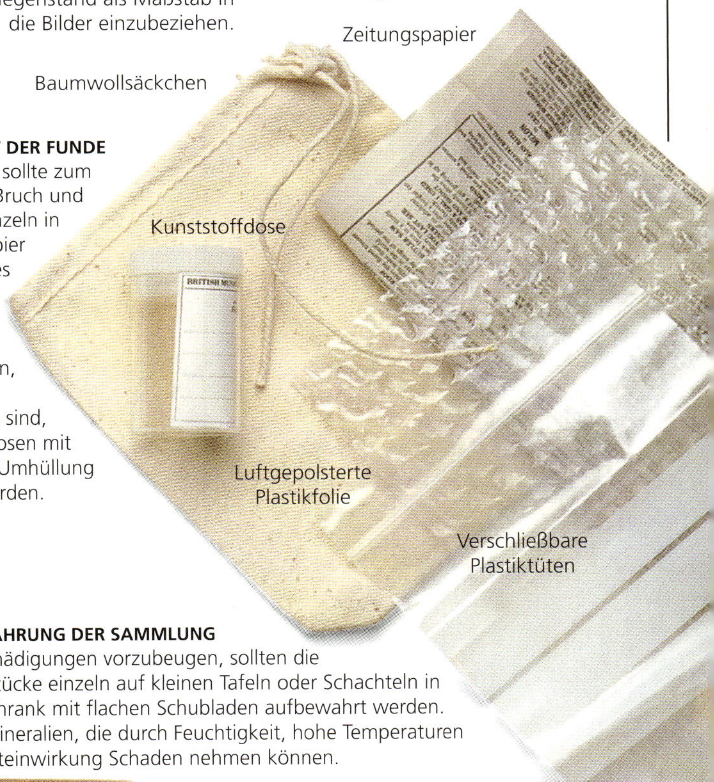

Zeitungspapier

Baumwollsäckchen

Kunststoffdose

Luftgepolsterte Plastikfolie

Verschließbare Plastiktüten

TRANSPORT DER FUNDE
Jedes Stück sollte zum Schutz vor Bruch und Kratzern einzeln in Zeitungspapier oder anderes Material gewickelt werden. Kristallstufen, die oft sehr empfindlich sind, sollten in Dosen mit geeigneter Umhüllung gepackt werden.

Kelle zum Graben in weichen Gesteinen

Sieb zum Trennen des Materials

Malerpinsel zum Reinigen der Fundstücke

AUFBEWAHRUNG DER SAMMLUNG
Um Beschädigungen vorzubeugen, sollten die Sammelstücke einzeln auf kleinen Tafeln oder Schachteln in einem Schrank mit flachen Schubladen aufbewahrt werden. Es gibt Mineralien, die durch Feuchtigkeit, hohe Temperaturen oder Lichteinwirkung Schaden nehmen können.

Pappkästchen zur Aufbewahrung der Sammelstücke

Etiketten und Schildchen zur Dokumentation der Sammelstücke

Wusstest du das?

Erstaunliche Fakten

Die häufigsten Gesteinsproben, die Astronauten von Mondflügen mitbrachten, waren Basalte, die erstaunlicherweise bestimmten Basalten auf der Erde entsprachen.

In Bernstein eingeschlossene Spinne

Der meiste Bernstein ist im Baltikum vor 40–50 Mio. Jahren entstanden, als Harz von Nadelbäumen tropfte, begraben und hart wurde. Insekten, die dem Harz zu nahe kamen, klebten fest und wurden im aushärtenden Bernstein fossilisiert.

Je tiefer man in Richtung Erdkruste vorstößt, desto wärmer wird es. In den tiefsten Goldminen in Südafrika muss die Bergwerksluft gekühlt werden, um den Abbau zu ermöglichen.

Devil's Tower in Wyoming (USA)

Devil's Tower („Teufelsturm") in Wyoming ist ein im Inneren eines Vulkankraters erstarrter, einstmals sehr zäher Lavafluss. Die weicheren Hüllgesteine sind im Lauf der Jahrtausende erodiert.

Besonders an Küsten mit weichen Sedimentgesteinen spült die Brandung jedes Jahr viele Meter Küste fort. Küstenorte wie das englische Dunwich an der Nordsee waren einst viel größer als heute – ganze Ortsteile wurden von zusammenstürzenden Klippen begraben.

Mehr als 75 % der Erdkrustengesteine bestehen aus Silikaten – Mineralien, die aus Silizium, Sauerstoff und einigen Metallen zusammengesetzt sind.

Manche auf dem antarktischen Eis gefundenen Meteoriten stammen vielleicht vom Mars; einige scheinen sogar Spuren fossiler Bakterien zu enthalten.

Eis kann Gesteine zerbrechen. Auch Granit, eine der härtesten Gesteinsarten, wird durch gefrierendes Wasser, das in Risse eingedrungen ist, geweitet und zermürbt. Ein langsam fließender Gletscher schürft durch sein Gewicht ganze Bergflanken ab.

Nicht ahnend, dass es sehr giftig ist, benutzten vornehme Damen im alten Rom das Mineral Arsenik, um ihre Haut zu bleichen.

Grafit, bekannt v. a. als Bleistiftmine, ist auch wichtiger Bestandteil mancher Atomreaktoren, wo er als Bremsmittel für schnelle Neutronen dient.

Obsidian ist ein natürliches schwarzes Vulkanglas, das den Steinzeitmenschen wegen seines Glanzes als Spiegel und dank seiner scharfen Kanten als Schneidewerkzeug und Pfeilspitze diente.

Obsidian

Alle Gesteine an der Erdoberfläche unterliegen den schleichenden Veränderungen der Erosion. Millionen Jahre gingen ins Land, bis Wasser und Wind diesen Sandsteinbogen (rechts) geformt hatten.

Natürlicher Gesteinsbogen in Utah (USA)

Fossiler *Archaeopteryx*

Im Jahr 1861 fand ein Arbeiter in den Plattenkalken von Solnhofen (Bayern) das erste Fossil eines gefiederten Tiers, das sich als zoologisches Bindeglied zwischen Reptilien und Vögeln herausstellte. *Archaeopteryx* lebte vor 150 Mio. Jahren.

Minerale gibt es nicht nur in Gesteinen, auch deine Knochen bestehen daraus.

Fragen und Antworten

F Welche Gesteine der Erdkruste kommen am häufigsten vor?

A Vulkanische Gesteine wie Basalt sind die häufigsten Gesteine der Erdkruste. Basaltgestein erstarrt aus dünnflüssiger Lava und bildet die Ozeanböden, die zwei Drittel der Erdoberfläche bedecken.

F Woher wissen wir, dass Dinosaurier gelebt haben?

A Überall auf der Erde fand man Knochen, Zähne und Fußabdrücke, ja sogar versteinerten Kot von Dinosauriern. Fossilien sind die wichtigsten Beweise, die auf früher lebende Tier- und Pflanzenformen schließen lassen.

Versteinerter Fußabdruck eines Dinosauriers

Drache aus Nephrit (China)

F Was ist Jade und warum hat sie zwei verschiedene Namen?

A Noch im 19. Jh. nannten die Menschen dieses grüne Mineral Jade. Dabei gibt es zwei Formen: die eigentliche Jade und den Nephrit.

F Warum sind Gerölle am Strand so verschiedenartig gefärbt?

A Strandgerölle entstammen sehr verschiedenen Gesteinsarten. Die Farben geben oft Hinweise auf die Art ihrer Minerale. Küstenströmungen transportieren die Strandgerölle aus verschiedenen Ursprungsgebieten herbei.

F Warum sind manche Sandstrände schwarz?

A Sand entsteht durch den Zerfall von Gesteinen zu kleinen Körnern. Schwarzer Sand geht aus der Erosion dunkler Gesteine wie Basaltlava oder vulkanischer Asche hervor.

F Warum schwimmt Bimsstein?

A Bimsstein ist eine Art aufgeschäumte vulkanische Lava. Er enthält viele kleine, mit Luft gefüllte Hohlräume. Diese machen den Bims so leicht, dass er schwimmt.

F Wie sind die Streifen in diesem Gestein in Utah (USA) entstanden?

A Dieses Wüstengestein ist eine ehemalige Sanddüne. Wind, Wasser, Hitze und Kälte haben die weicheren Anteile des Sandsteinfelsens erodiert, die härteren Anteile stehen als Streifen hervor.

Versteinerte Sanddünen in Utah (USA)

F Welche Gesteine zählen zu den ältesten auf der Erde?

A Die ältesten bekannten Gesteinsbrocken sind Meteoriten aus dem All. Dieser Chondrit (rechts) ist ein 4,6 Mrd. Jahre alter Meteorit. Die ältesten Gesteine, die auf der Erde entstanden sind, haben ein Alter von 4,28 Mrd. Jahren.

Chondrit

F Von woher kommen neue Gesteine?

A Gesteine bilden sich jeden Tag aufs Neue, in der Erde und auf der Erdoberfläche. Im Erdinneren kristallisiert Magma zu Granit. Magma fließt als Lava aus Vulkanen an Land und im Meer aus und erstarrt. Boden und Gesteine erodieren und lagern sich als Sedimente in Flüssen und Meeren ab.

F Woraus besteht eine Wüstenrose?

A Wüstenrosen bestehen aus dem Mineral Gips. Sie bilden sich in Wüsten, wo Grundwasser verdunstet und Salze am Boden zurückbleiben. Manche dieser Salze kristallisieren zu Wüstenrosen.

Wüstenrose

Rekordverdächtig

DIE WERTVOLLSTEN METALLE
Die teuersten Metalle sind derzeit Platin und Rhodium. Sie sind wertvoller als Gold.

DAS GRÖSSTE GOLDNUGGET
Der größte je gefundene Goldklumpen wog 70,9 kg – etwa so schwer wie ein Mensch!

DIE WERTVOLLSTE RELIGIONSFIGUR
Der Goldene Buddha von Bangkok ist die wertvollste religiöse Statue. Sie besteht aus 5,5 t gediegenem Gold.

DAS HÄRTESTE MINERAL
Der Diamant ist das härteste bekannte Mineral. Er kann mit keinem anderen Material geritzt werden.

DER HÖCHSTE STALAGMIT
In einer Höhle bei Krásnohorské (Slowakei) befindet sich der mit 32,6 m höchste Stalagmit der Welt.

DER GRÖSSTE FELSBLOCK
Der Ayer's Rock oder Uluru (Australien) ist der größte frei stehende Felsen der Welt. Er ist rund 3,6 km lang.

Gestein oder Mineral?

Geologen teilen die Gesteine danach ein, wie sie entstanden sind. Sie unterscheiden drei Hauptformen: magmatische, metamorphe und sedimentäre Gesteine. Im Folgenden sind alle mit ihren Hauptmerkmalen aufgeführt.

Geologenausrüstung

Gesteinsarten

MAGMATISCHE GESTEINE
Magmatische Gesteine stammen von heißen, schmelzflüssigen Massen im Erdinneren ab, dem Magma. Ähnlich wie metamorphe Gesteine bestehen sie aus verschiedenen, ineinander verzahnten Mineralien. Je langsamer das Magma sich abgekühlt hat, desto größer sind die Kristalle im erstarrten Gestein gewachsen.

Granit

Gabbro

Basalt

Obsidian

METAMORPHE GESTEINE
Metamorphe Gesteine entstehen, wenn magmatische, sedimentäre oder auch bereits existierende metamorphe Gesteine tief in der Erdkruste infolge hoher Temperatur- und Druckbedingungen umgewandelt werden. Ihre Mineraliengröße kann ein Hinweis auf die Höhe der Umwandlungstemperatur sein.

Gefalteter Glimmerschiefer

Tonschiefer

Gneis

SEDIMENTÄRE GESTEINE
Sedimentgesteine bestehen aus verwittertem, erodiertem Gesteinsmaterial. Dieses Material, das Sediment, weist Korngrößen vom Blockwerk bis zu feinsten Tonteilchen auf und lagert sich schichtförmig ab. Das anfangs lockere Sediment verfestigt sich allmählich zu Sedimentgestein, z. B. Sandstein. Viele enthalten Fossilien.

Konglomerat

Sandstein

Brekzie

Kreidekalk

Mineralarten

Keine zwei Minerale gleichen sich. Viele haben eine spezielle Farbe oder Form, anhand deren sie zu erkennen sind. Manche bilden große Kristalle, andere blasige Aggregate oder dünne Krustenüberzüge auf Gesteinen. Einige Mineralformen sind auf dieser Seite zusammengestellt.

Durchsichtig, mit Glasglanz

QUARZ
Eines der häufigsten Mineralien ist Quarz. Er ist gesteinsbildend und kommt oft mit Erzen zusammen in Adern vor. Seine Kristalle sind sechsseitig mit einer Pyramide an der Spitze. Klarer formschöner Quarz heißt Bergkristall und kann für Diamant gehalten werden.

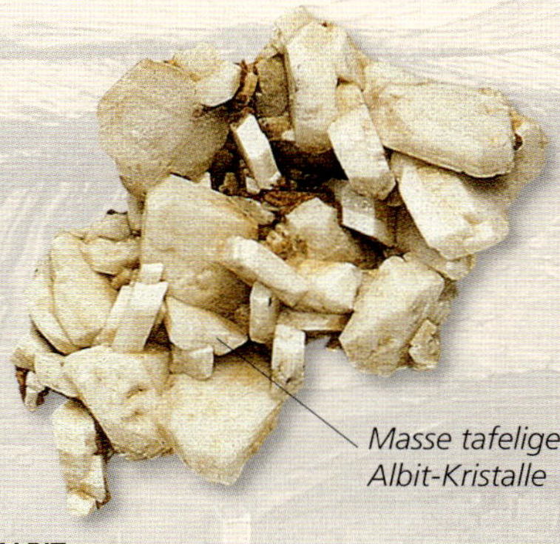

Masse tafeliger Albit-Kristalle

ALBIT
Albit ist eine Ausprägung des gesteinsbildenden Feldspats und Bestandteil von Graniten, Schiefern und Sandsteinen. Das Mineral ist weiß bis farblos und kann zu blockigen, plattigen und tafeligen Formen kristallisieren.

KALZIT
Er ist das Hauptmineral des Kalksteins, der v. a. in und am Meer entsteht. Kalzit findet sich ebenso in Knochen und Gehäuseschalen. Auch Tropfsteine (Stalagmiten und Stalaktiten) in Höhlen bestehen daraus.

GOLD
Das gediegen vorkommende Edelmetall tritt sehr selten auf. Gold ist oft Bestandteil quarzhaltiger Adern, in denen zuvor heiße Lösungen das Gold heranbrachten. In Flusssedimenten (Seifen) kommt Gold in Form von runden Nuggets vor.

Kristalle mit Perlmuttglanz

HAHNENKAMM-BARYT
Baryt kann in vielen Gebieten entstehen, in heißen Quellen ebenso wie in Mineraladern. Hahnenkamm-Baryt besteht aus rundlichen Massen weicher, plattiger Kristalle.

Flacher, gelber Kristall

SCHWEFEL
Als natives Element kristallisiert Schwefel am Rand von heißen Quellen und Vulkankratern, z. T. als feinkörniger Überzug, z. T. grobkristallin. Reine Schwefelkristalle sind stets gelb und mit dem Messer schneidbar.

Prismatischer Beryllkristall

BERYLL
Beryll ist ein Mineral der Tiefengesteine und kommt in Granit oder Pegmatiten vor. Transparenter Beryll ist hart und selten und zwei seiner unterschiedlichen Ausprägungen werden als berühmte Edelsteine gehandelt: der blassblau bis grünliche Aquamarin sowie der grüne Smaragd.

Saphir mit Turmalin

KORUND
Im Gegensatz zum reinen Korund, der farblos ist, sind seine Ausprägungen farbig. Die Edelsteine Rubin und Saphir sind sehr seltene Formen, die man in Flusssedimenten findet. Korund ist extrem hart.

Orangefarbene Steinsalz-Kristalle

HALIT
Halit gehört zur Mineralklasse der Evaporite (Salze), die durch das Verdunsten von Meerwasser entstehen. Das Mineral kommt am Ufer von Salzseen in Trockengebieten vor und es wird als Steinsalz abgebaut. Es kristallisiert massig, bildet aber auch würfelige Kristalle.

Neugierig geworden?

Gesteine und Mineralien kannst du fast überall sammeln. Du findest sie nicht nur am Boden oder im Gebirge, sondern auch in alten Mauern, Hauswänden und Denkmälern. Außerdem triffst du in vielen Museen, in Geo- und Naturparks auf umfangreiches Anschauungsmaterial. Im Urlaub bieten Strände, Schluchten, Kiesgruben und Tagebaue vielfältige Einblicke in die Welt der Gesteine. Auf dieser Doppelseite haben wir einige Anregungen zusammengestellt, wo du mehr über Gesteine und Mineralien herausfinden kannst.

GESTEINE UND MINERALIEN SAMMELN
Kiesstrände sind eine Fundgrube für schöne Handstücke. Als Einstieg eignen sich auffällig gefärbte Gerölle mit ihren verschiedenen Mineralien. Weitere gute Fundorte sind Flussbetten, Kiesgruben, Seeufer und Steilküsten. Beim Sammeln immer auf Gefahrenstellen achten!

INFORMATIONEN EINHOLEN
Besuche ein geologisches, mineralogisches oder paläontologisches Museum in deiner Nähe und studiere die ausgestellten Gesteins- und Mineralsammlungen. Solche Museen haben oft interaktive Stationen, an denen geologische Prozesse wie Vulkanismus, Erdbeben und Gebirgsbildung erklärt werden.

Geo-Laborräume

HANDSTÜCKE BESTIMMEN
Nimm einige deiner Fundstücke mit ins Museum, vergleiche sie mit den dortigen Exponaten und bestimme sie. In der geologischen Abteilung des Natural History Museums in London liegen allein über 2000 Handstücke mit Gesteinen, Mineralien und Fossilien aus. Dort kann man auch seine eigenen Fundstücke mit dem Labormikroskop untersuchen und die Museumsmitarbeiter um Rat fragen.

Besuche doch mal ...

TERRA MINERALIA (FREIBERG)
In der Dauerausstellung werden mehr als 3500 Minerale, Edelsteine und Meteoriten von berühmten Fundstellen auf allen Kontinenten gezeigt. Im Wissenschaftszentrum kann man mitgebrachte Minerale bestimmen lassen.

MUSEUM FÜR NATURKUNDE (BERLIN)
Dies ist eines der größten Naturkundemuseen der Welt. Eine Schausammlung präsentiert 1077 Mineralarten.

HAUS DER NATUR (SALZBURG)
Neben anderen Sammlungen gibt es eine „Welt der Kristalle" zu bewundern. Diese widmet sich u. a. den mineralogischen Besonderheiten des Salzburger Bergbaus und den weltberühmten Mineralbildungen aus den Hohen Tauern.

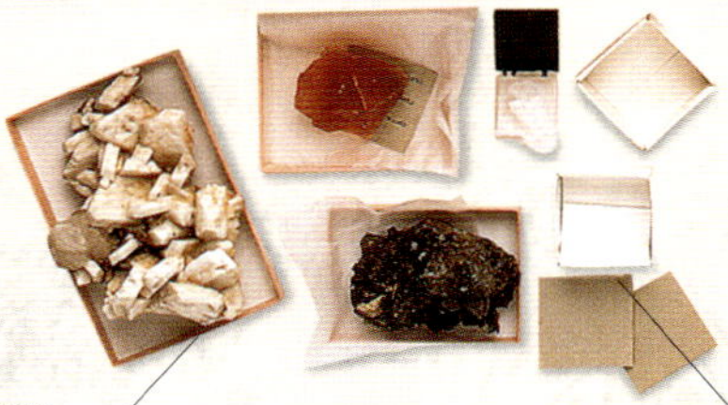

Schächtelchen mit Fundstück

Karteikarte

EINE GESTEINSSAMMLUNG EINRICHTEN
Lege die gewaschenen und getrockneten Fundstücke in kleine, mit Kosmetiktüchern ausgeschlagene Schächtelchen. Eine Karteikarte mit allen wichtigen Daten wie Gesteins-, Mineral- oder Fossilnamen, Formation, Fundort und Datum wird dem Handstück beigefügt. Die Schächtelchen kannst du dann entweder nach Datum, Fundort oder Formation anordnen.

INTERNETADRESSEN

- Hier kannst du dir Filme über Edelsteine anschauen. **lexi-tv.de/themen/rohstoffe/edelsteine**
- Eine Karte zeigt dir die wichtigsten Fundorte von Edelsteinen. **www.primolo.de/home/Steine**
- Alles über Mineralien und Gesteine. **www.seilnacht.com/Minerale**
- Interessante Internetseite über die Einteilung der Mineralien in Klassen. **geomuseum.tu-clausthal.de/geomuseum**

EDELSTEINE UND SCHMUCK
Attraktive Mineralien, wie z. B. Jade, werden seit Jahrhunderten zu dekorativem Schmuck und Dekoware verarbeitet. In Kuala Lumpur (Malaysia) gibt es sogar ein eigenes Jade-Museum. Im Victoria & Albert Museum in London sind zahlreiche Kunstobjekte aus Mineral- und Gesteinsmaterial ausgestellt.

Jade-Halskette der Azteken

Grand Canyon

ERDGESCHICHTE VERTIKAL
Besucher des Grand Canyon in Arizona (USA) haben einen spektakulären Blick auf viele verschieden alte Gesteinsschichten, die wie übereinandergestapelt erscheinen. Die Schlucht wurde im Lauf von Millionen Jahren vom Colorado River ausgespült. Nach und nach wurden die zahlreichen Schichten stufenförmig freigelegt, die zuvor im Untergrund verborgen lagen. Die Schichten bestehen großenteils aus Sand- und Kalksteinen und enthalten Fossilien verschiedener geologischer Zeitalter. Der Abstieg auf steilen Pfaden bis zum Talgrund hinab ist wie eine Zeitreise zurück bis zum Ursprung der ältesten Gesteine.

SKULPTUREN
Die Bildhauer der alten Griechen und Römer verwendeten Marmor, um ihre grandiosen Skulpturen, Villen und Paläste zu schaffen. Der geschätzte Bildhauermarmor ist weiß – sowie poliert glatt und glänzend. Versuche bei Skulpturen herauszufinden, ob sie aus Marmor oder anderen Gesteinen gemeißelt wurden.

Pietà, Marmorskulptur in der St.-Patrick's-Kathedrale in New York (USA)

TREPPE DER RIESEN
Am Giant's Causeway in Antrim (Nordirland) drängen sich zahlreiche, bis zu 2 m hohe Gesteinssäulen auf dichtem Raum zusammen. Der Legende nach haben Riesen diese „Treppe" angelegt, um die Irische See nach Schottland zu durchqueren. Nach geologischer Lesart ist Basaltlava beim Abkühlen zu zahlreichen sechsseitigen Säulen geschrumpft. Die heutige Form ist daher ein Abkühlungseffekt.

In der Melissani-Höhle auf Kefalonia (Griechenland)

KALKSTEINHÖHLEN UND GROTTEN
Diese Höhlen enthalten meist auch Tropfsteine, die Stalaktiten und Stalagmiten. An den Mittelmeerküsten gibt es Küstengrotten mit türkisblauem Wasser wie die Melissani-Höhle auf Kefalonia. In der berühmten Lascaux-Höhle in Frankreich haben Steinzeitmenschen großartige Malereien mit Tiermotiven hinterlassen.

Glossar

ABLAGERUNG Ansammlung von Sediment.

ABRASION Erosion durch Wasser, Wind oder Eis unter Mitwirkung von Sediment, das wie ein Schleifmittel die Gesteine der Erdoberfläche abträgt.

ADER Kleiner Mineralgang; Mineralfüllung eines Risses im Gestein.

AUSBISS Schnittfläche einer Gesteinsschicht mit der Erdoberfläche. Hier tritt das Gestein dieser Schicht komplett zutage.

BLÄSCHEN Hohlräume in einst gasreicher Lava, die nach dem Erstarren der Lava bestehen bleiben.

CABOCHON Runder bis ovaler Edelsteinschliff ohne Facettierung, meist domförmig.

DENDRITISCH Von verzweigter Form.

DURCHSCHEINEND Material, das Licht teilweise durchlässt, aber nicht transparent ist wie Glas.

EDELSTEIN Natürlich vorkommende Mineralien, meist in Kristallform, die sich durch Schönheit, Härte und Seltenheit auszeichnen.

EDELSTEINSCHLEIFER Meisterberuf zur professionellen Bearbeitung (Schnitt, Schliff, Politur) von Edel- und Halbedelsteinen.

Gruppe natürlicher Kristalle

ELEMENT Nicht weiter teilbare Substanz (Ausnahme: radioaktives Element). Baut sämtliche Materie im Kosmos auf.

ERDKERN Innerste kugelförmige Zone des Erdkörpers aus Nickeleisen (*siehe* Legierung). Durchmesser: ca. 1370 km.

ERDKRUSTE Äußerste dünne Schicht des Erdkörpers, die zwischen 7 und 80 km Dicke schwankt.

ERDMANTEL Mit rund 2900 km die dickste Schicht des Erdkörpers zwischen Kern und Kruste.

Erosionsschäden

EROSION Abtragung von Boden und Gestein durch Wasser, Wind, Eis und Schwerkraft.

ERZ Gesteins- oder Minerallagerstätte mit abbauwürdigen Gehalten an Metallen oder Edelsteinen.

EVAPORIT Gesteins- bzw. Mineralart, die durch Verdampfung salzhaltiger Gewässer entsteht.

FACETTE Geschliffene Teilfläche eines Edelsteins.

FEUER Ausdruck für die besondere Brillanz eines geschliffenen Edelsteins.

FOLIATION Blättrige Struktur kristalliner Schiefer.

FOSSIL Überreste (Körper, Knochen, Zähne, Spuren) von Pflanzen und Tieren in Sedimenten, Permafrost, Bitumen oder Bernstein. Selbst die zarten Abdrücke von Haaren, Federn oder Samenkörnern sind den Fossilien zuzurechnen.

Versteinerter Ammonit

GALVANISIERUNG Hinzufügen von Zink zu anderen Metallen oder Legierungen als Rostschutz.

GEOLOGE Wissenschaftler, der sich mit der Natur der Gesteine und ihrer Lage in der Erdkruste beschäftigt.

Diamant

Saphir

GESTEIN Natürliches Gemenge aus mindestens zwei Mineralarten.

GLANZ Art, wie das Licht von einer Mineraloberfläche reflektiert wird.

HABITUS Form und allgemeine Erscheinungsform von Kristallen und Kristallstufen.

HARZ Klebriges Wundsekret mancher Pflanzen.

HOPPER-KRISTALL Sargdeckelförmiger Kristall.

IRISIEREND Regenbogenartiges Schillern einer Mineraloberfläche, ähnlich einem Ölfilm auf Wasser.

KARAT Gewichtsangabe für Edelsteine; 1 Karat entspricht 0,2 g. Auch zur Kennzeichnung von Edelmetallen: Reines Gold hat 24 Karat.

KARST Durch Lösungsverwitterung zerfressenes Kalksteingebiet, z. B. Schwäbische Alb.

KNOLLE Rundliches großes Mineral- oder Metallkorn, in Sedimenten oder auf dem Meeresboden (Manganknollen).

KRISTALL Natürliche regelmäßige Form von Mineralien, die ihrem inneren atomaren Aufbau gehorcht.

KRISTALLFLÄCHE Teil der Oberfläche eines Kristalls.

KRISTALLISIEREN Kristalle bilden.

LEGIERUNG Mischung aus mindestens zwei Metallen. Bronze für Glocken besteht z. B. aus 20 % Zinn und 80 % Kupfer.

MAGMA Geschmolzenes Gestein, das tief in der Kruste erzeugt wird und das entweder in der oberen Kruste kristallisiert (Tiefengestein) oder als Lava aus Vulkanen ausbricht und erstarrt (vulkanische Gesteine).

MASSIG Mineraleigenschaft: bestehend aus derben Kristallaggregaten.

MATRIX Feinkörnige mineralische Grundmasse, die einzelne Großkristalle umschließt.

METAMORPHOSE In der Geologie Strukturänderung und Mineralumwandlung in Gesteinen aufgrund hoher Druck- und Temperaturbedingungen.

METEORIT Objekt aus dem All aus Metall, Gestein oder einem Gemenge aus beidem, das die Erdoberfläche erreicht hat.

Meteorit

MINERAL Natürlich vorkommende anorganische Verbindung mit unverwechselbarer Zusammensetzung und typischen Kristalleigenschaften.

MINERALGANG Kluft im Gestein, in der sich Mineralien aus heißen Lösungen abgesetzt haben.

MOHS-HÄRTESKALA Vergleichsskala zur Bestimmung der Mineralhärte. Bestimmte Referenzmineralien liegen auf einer Skala von 1–10, das darin höher liegende ritzt jeweils jedes darunterliegende Mineral.

NADELIG Beschreibt die nadelartige Form von Kristallen.

NATIVES ELEMENT Chemisch (fast) reines Element, geht keine Verbindung mit anderen Elementen ein. Beispiel: gediegenes Gold.

OOLITH Kleine runde Körner in Kalksteinen.

OPAK Material, das undurchsichtig ist. Beispiel: Metalle.

OPTISCHE EIGENSCHAFTEN Eigenschaften eines Minerals im Verhalten gegenüber Licht. Wichtig für die mikroskopische Untersuchung zur Identifizierung des Minerals.

PALÄONTOLOGE Wissenschaftler, der sich mit Fossilien beschäftigt.

PIGMENT Farbgebender Inhaltsstoff in Farben. Früher zerrieb man mineralisches Material, z. B. Eisenocker, und mischte es in tierische Fette.

PORÖS Gesteinseigenschaft, um Flüssigkeiten und Gase zu speichern.

PORPHYR Struktur vulkanischer Gesteine, in der große Einzelkristalle in einer feinkörnigen Matrix liegen.

Azurit, früher zu wertvollem blauem Farbpigment zermahlen

PYROKLASTISCHES GESTEIN Vulkanisches Gestein, das überwiegend aus Bruchstücken des durch explosive Vulkanausbrüche ausgeschleuderten Materials besteht, also Asche, Lavafetzen, Glas und Tuff.

SCHLUCKLOCH Vertiefung in Karstgebieten mit einer Verbindung zu unterirdischen Höhlen, in die Fließgewässer verschwinden können, um woanders wieder aufzutauchen.

SCHMELZE Erhitzung von Gestein über seinen Schmelzpunkt.

SCHUTT Zerbrochene Gesteinsbrocken, durch Frostverwitterung entstanden.

Stalaktiten hängen von der Höhlendecke.

SEDIMENT Lockergesteine, die durch Verwitterung und Erosion anderer Gesteine entstanden sind. Sie bestehen aus Körnern aller möglichen Größen, vom Tonteilchen bis zum Felsblock, aber auch aus Schalenbruchstücken. Sedimentgestein ist verfestigtes Sediment.

SPALTBARKEIT Eigenschaft von Mineralien, aufgrund der atomaren Kristallstruktur bestimmte winkeltreue Spaltflächen zu bilden.

SPEZIFISCHES GEWICHT Gewichtskraft eines Stoffs im Verhältnis zu seinem Volumen.

STALAGMIT Tropfstein aus Kalzit (Kalziumkarbonat), der vom Höhlenboden senkrecht nach oben wächst.

STALAKTIT Tropfstein aus Kalzit (Kalziumkarbonat), der zapfenförmig von der Höhlendecke hängt. Wie der Stalagmit ist er durch das Verdunsten von kalkhaltigem Wasser entstanden, wobei das in ihm gelöste Kalzium über lange Zeiträume ausgeschieden wurde.

STREIFUNG Parallele Kratzer oder Linien auf Mineralien, die während des Wachstums entstehen.

STRICH Die Farbe, die ein Mineral hinterlässt, wenn man es auf einer harten, rauen Fläche reibt. Der Strich ist verlässlicher als die bloße Farbe eines Minerals und hilft bei seiner Identifizierung.

TIEFENGESTEIN Magmatisches Gestein, dessen Magma in der Kruste erstarrt ist. Kommt erst zum Vorschein, wenn seine Deckgesteine erodiert worden sind.

TROMMELMASCHINE Zylinder, in dem sich Gesteinsbrocken zusammen mit Wasser und Schleifmittel so lange drehen, bis sie rund und glatt geschliffen sind.

VERDUNSTUNG Übergang einer Flüssigkeit in den gasförmigen Zustand. Alle in der Flüssigkeit gelösten Stoffe bleiben durch Ausfällung als Feststoff übrig.

VERWITTERUNG Zerfall der Gesteine an der Erdoberfläche unter dem Einfluss von schwankender Temperatur, Wind, Wasser, Eis und Schwerkraft.

VULKANISCHE BOMBE Großes Stück ausgeworfener Lavafetzen, das beim Fliegen durch die Luft rotiert und sich dabei abrundet.

Kalzit-Adern

VULKANISCHER SCHLOT Die zentrale Röhre, die innerhalb eines Vulkans in die Tiefe führt und durch die Lava und Asche ausgeschleudert werden.

VULKANISCHES GESTEIN Gestein, das durch austretendes Magma als Lava an der Erdoberfläche entsteht und dort abkühlt und erstarrt.

Register

A

B

C D

E

F

G

H I J

K L

M

N

O

P

Q R

S

T

U V W

Z

Dank und Bildnachweis

Dorling Kindersley dankt Dr. Wendy Kirk vom University College London; der Belegschaft des British Museum (Naturgeschichte); Gavin Morgan, Nick Merryman und Christine Jones am Museum of London für ihren Rat, ihre unschätzbare Hilfe und dafür, dass sie Ausstellungsstücke zur Verfügung gestellt haben; der Redland Brick Company und Jacobson Hirsch dafür, dass sie uns Ausrüstung ausgeliehen haben; Anne-Marie Bulat für ihre Mitarbeit; David Nixon für Designassistenz; Tim Hammond für Lektoratsassistenz; Fred Ford und Mike Pilley von Radius Graphics sowie Ray Owen und Nick Madren für Illustrationen; David Ball, Neville Graham, Rose Horridge, Joanne Little und Sue Nicholson für das Poster.

Der Verlag dankt den folgenden Personen und Institutionen für die freundliche Genehmigung zum Abdruck von Fotos:

(Abkürzungen: o = oben, go = ganz oben, u = unten, m = Mitte, l = links, gl = ganz links, r = rechts, gr = ganz rechts, Hg = Hintergrund)

Airbus-image exm company: P. Masclet 56ul. Ardea London Ltd.: Francois Gohier 65go. Didier Barrault / Robert Harding Picture Library: 37mr. Bridgeman Art Library / Bonhoms, London: 55mr. Paul Brierley: 49u, 51m. British Museum (Naturgeschichte): 42m, 43. N.A. Callow / Robert Harding Picture Library: 13u. Bruce Coleman Ltd: Derek Croucher 69ur; Jeff Foott 65ul; Natural Selection Inc. 64ur. G. und P. Corrigan / Robert Harding Picture Library: 23go. GeoScience Features Picture Library: 68gor. Diamond information Centre: 60m. C.M. Dixon / Photoresources: 11u, 14go, 15go, 19u, 32u. Earth Satellite Corporation / Science Photo Library: 7go. Mary Evans Picture Library: 6go, 8, 9m, 12u, 15u, 16gol, 19go, 25, 26u, 28u, 30ul, 31u, 32go, 34go, 34ml, 36go, 37go, 37ul, 39u, 40go, 41go, 44gor, 50gor, 50ur, 56mr, 57m, 58gol, 58gor, 59gol, 59u, 62go, 62m. Clive Friend / Woodmansterne Ltd.: 15m, 36u. Jon Gardey / Robert Harding Picture Library: 40u. Geoscience Features: 18go. Mike Gray / University College London: 17, 20gor, 24go. Ian Griffiths / Robert Harding Picture Library: 13go. Robert Harding Picture Library: 13m, 18ur, 21, 22ul, 23m, 27go, 27u, 35go, 35u, 56go, 59m. Brian Hawkes / Robert Harding Picture Library: 12m. Michael Holford: 50gol, 50ul, 51go, 54go, 54mr, 55go, 55ml. Glenn I. Huss: 40m. The Hutchinson Library: 35m, 51u, 56ml. INAH: Michel Zabé 69gor. Yoram Lehmann/ Robert Harding Picture Library: 37ml. Kenneth Lucas / Planet Earth: 39go. Johnson Matthey: 58ul. Museum of London: 28go, 32m, 61gol, 61ur. NASA: 41ur. NASA/Robert Harding Picture Library: 6–7, 7u. NASA / Spectrum Colour Library: 11go. National Coal Board: 37ur. The Natural History Museum, London: 68ml, 68mr, 71mru. N.H.P.A.: Kevin Schafer 64ml. Walter Rawlings / Robert Harding Picture Library: 26m; 33u. John G. Ross/Robert Harding Picture Library: 53. K. Scholz / ZEFA: 10u. Nicholas Servian / Woodmansterne: 34mr. Silva: 62mru. A. Sorrell / Museum of London: 29go. Spectrum Colour Library: 10m. R.F. Symes: 9gor. A.C. Waltham / Robert Harding Picture Library: 22ur. Werner Forman Archive: 29u, 30ur, 31gol, 31ml, 52go, 52u, 55u, 61m. G.M. Wilkins / Robert Harding Picture Library: 47. Woodmansterne: 58ur. ZEFA: 16gor. Zeiss: 41ul. Mit frdl. Genehmigung des Leiters des Stationery Office Ihrer Majestät, Urheberrecht der Krone: 54ml.

Illustrationen: Andrew Macdonald 6m, 6u; 14ml; 18ul; 22ml; 28mr; 30mr.

Poster: Alle Gesteine, Edelsteine und Mineralien: DK Images / Natural History Museum, London, ausgenommen: Werkzeug (gol), Illustration (gor), Landschaften (mo und mro), Schiefer, fossilisiertes Blatt, Tonschiefer, Bimsstein, Obsidian, Kalkstein, Sedimentgestein, Torf, Braunkohle, Steinkohle und Anthrazit: DK Images, sowie die Erde: NASA.

Cover: *Vorn:* Corbis: Ken Lucas / Visuals Unlimited / Corbis um. Dorling Kindersley: Natural History Museum, London mogl, mogr, mlo, mro, gor. *Hinten:* Dorling Kindersley: Natural History Museum, London gol, mogr, m, mlu, mru, ur. Mary Evans Picture Library: mo.

Weitere Informationen unter www.dkimages.com

Weitere Themen in dieser Reihe:
(Bandnummer in Klammern)

Das alte Ägypten (8)
Das alte Griechenland (21)
Alte Kulturen (75)
Das alte Rom (38)
Arktis & Antarktis (67)
Astronomie (77)
Autos (25)
Azteken, Inka & Maya (28)
Bedrohte Tiere (5)
Burgen (24)
Christentum (34)
Computer (51)
Demokratie (30)
Deutschland (63)
Dinosaurier (1)
Edelsteine & Kristalle (62)
Eisenbahnen (19)
Die Erde (79)
Erdöl (71)
Der Erste Weltkrieg (68)
Die ersten Menschen (26)
Evolution (50)
Fahrzeuge & Transport (65)
Fische (13)
Flugmaschinen (41)
Fossilien (47)
Fußball (53)
Geld (59)
Gesteine & Mineralien (17)
Große Entdecker (12)
Große Musiker (42)
Große Wissenschaftler (33)
Haie (10)
Hunde (39)
Indianer (18)
Insekten (35)
Islam (56)
Katzen (23)
Klimawandel (11)
Kriminalistik (44)
Der Mensch (2)
Mesopotamien (81)
Mittelalter (70)
Das moderne China (58)
Mond (57)
Mumien (74)
Muscheln & Schnecken (78)
Musikinstrumente (14)
Mythologie (31)
Naturkatastrophen (76)
Naturwissenschaften (7)
Ozeane (32)
Pferde (43)
Pflanzen (48)
Piraten (36)
Pyramiden (60)
Raubtiere (52)
Regenwald (20)
Religionen (72)
Reptilien (69)
Ritter (16)
Säugetiere (45)
Schätze (6)
Schmetterlinge (73)
Skelette (82)
Spione (9)
Städte (3)
Strand & Meeresküste (55)
Teiche & Flüsse (27)
Tiere (64)
Titanic (22)
Urzeit (66)
Vögel (29)
Vulkane (37)
Waffen & Rüstungen (61)
Wale & Robben (80)
Wasser (40)
Weltall (15)
Wetter (46)
Wikinger (49)
Wirtschaft (4)
Der Zweite Weltkrieg (54)